JN197185

富岡幸一郎

生命と直観

よみがえる今西錦司

アーツアンドクラフツ

まえがき――今、問われる今西錦司の「世界観」

平成が終わり、この三十年に及ぶ時間（歴史）を振り返ることがなされている。

西暦と元号という二つの時間軸のクロスにどれだけ意味があるのかはわからないが、少なくとも明治以降、百五十年余り西洋近代の技術や思想、その価値観を受け容れることで社会の「進歩」を目ざしてきた日本人にとって、元号による時代の区切りによって今一度「近代化」を問い返すには格好の時ではあろう。この三十年間は、日本も世界も文字通り激変の連続だったからである。

自然民俗誌『季刊やまかわうみ』に「今西錦司をめぐって」の連載をはじめたのは二〇一一年の春号（創刊準備号）からである。その直後に、東日本大震災と福島第一原発の事故が起こった。自然の災害と近代文明がつくり出した原子力という究極のエネルギーが、巨大な災厄として結びついたという点で、「3・11」はまさに未曾有の出来事であった。いや、それは現在もなお進行形としてある。科学技術の進歩によって生み出された「文明の灯」が、「悪魔の火」となり、制御不能に陥ったときに、どのような事態をもたらすのか。そこで〝想定外〟という便利な言葉が使われたが、そもそも近代文明と科学は、あらゆる対象を数量化と形式化によって統治し支配できるという、ひとつのイデオロギーであった。「3・11」はこの科学イデオロギーの破綻を宣告したといってもいい。

そもそも二十世紀に起こったのは、この地球に生命が出現して以来かつてなかった事態である。生命と環境のバランスが、急激に変化したということだ。つまり、それまでは環境のほうが、生命の形態をつくってきたが、二十世紀においては科学の力によって、この地球の自然環境が驚異的なスピードで変化させられたのである。外的な自然だけではない。人間の実験室のなかでつくり出された新しい化学物質は何億年という時間をかけて形成してきた環境と生命のバランスを激変させるとともに、人体の内側に、その骨にまで入りこむことで生態論的な危機を招来させたのである。

地球上の自然は、今や悲鳴をあげるように異常気象や環境汚染を発生させている。生命科学は人間の生命そのものの核心部分へと突き進む勢いで、生命さえも変化させる恐るべき可能性の魔にとりつかれている。

十九世紀末に哲学者のニーチェは、「神は何処に行った」とカンテラをさげて暗い路上を彷徨うニンゲンの姿を描いたが、二十一世紀の今日、われわれは「人間の生命と科学は何処に行こうとしているのか」と改めて不安と焦燥のなかで問わざるをえない。

一九六九年に、今西錦司は次のように語った。

《人類はやがて、いまだかつて経験したことのないような危機を、迎えることになるであろう。私はその時期を、二一世紀のはじめと踏んでいるから、案外に近いのである》(「岐路に立つ人類」)。

五十年余り前の言葉であるが、この予言的な言葉の原点には、今西錦司が一九四一年に三十九歳で著わした『生物の世界』がある。そこで示されたのは、近代科学のイデオロギーを乗り越えていくための「世界観」であった。

《われわれの世界はじつにいろいろなものから成り立っている。いろいろなものからなる一つの寄り合い世帯と考えてもよい。ところでこの寄り合い世帯の成員というのが、でたらめな得手勝手な烏合(うごう)の衆でなくて、この寄り合いを構成し、それを発展させて行く上に、それぞれがちゃんとした地位を占め、それぞれの任務を果しているように見えるというのが、そもそも私の世界観に一つの根底を与えるものであるらしい》(『生物の世界』)。

今西錦司のいう「自然学」を支えているのは、生物の有するこの共棲としての「世界観」である。

科学というものが、自然科学、社会科学、人文科学と分化し、各々さらに専門分化していくなかにあって、今西は一貫してそれを総合して自然全体（人間の生命もふくむ）を捉えようとした。それは「自然」を部分として切り離して対象化し客体化することではなく、「自然」を直に観ることであり、体感することに他ならない。登山家として、探検家としてのパイオニア的なフィールドワークは、今西の学問にとってこの意味で必要不可欠のものであった。

今西の「自然学」は、ここから今西「人類学」ともいうべき広がりと深さをもち、まさに今日の生態論的な危機の状況を乗り越えてゆく途を示しているように思われる。総合とは全体を直覚することであり、行為的直観としての方法である。直観という言葉をおのれの学問のなかでこれほど見事に、そして魅力的によみがえらせたのは、今西錦司をおいて他にはない。

英語でintegrity、インテグリティとは総合、全体性という意味であるが、そこには誠実、正直という意味もある。また一貫性という意味もある。今西錦司の著作から、その行動から伝わってくるのは、まさにこの総合性としての正直さともいうべきものである。

われわれは今西の予言したように、「いまだかつて経験したことのない危機」の唯中に立っている。今日こそ、彼が遺した「世界観」を再検討し、そこから次なる一歩へと向かうヒントを発見することができるのではないか。

目次

生命と直観

——よみがえる今西錦司

一　「近代」の終焉の底から

だいぶ以前のことになるが、ある新聞社の書評委員会によばれて短いレクチャーをした。書評委員にはそれぞれ専門分野で活躍する第一線の学者や評論家が集っている。大家というよりも、若手の俊才が多く、議論も活発であった。その日のテーマの話題が終わりかけた頃、生物学や科学系の若手学者がいたので私はためしに今西錦司の名前を唐突だが出してみた。

はじめにいっておけば、私自身は理科系の科目はからっきし駄目である。都会生まれの都会育ちだが、子供の頃にはそれでも周囲にかなり自然が残っていたので御多分に洩れずに虫捕りなどに夢中になっていたが、進化論の専門的知識など当方にはほとんどない。

しかし、今西錦司という名前は気になって仕方がなかった。現代の最先端（と思われる）の専門家が、今西にどんな印象を持っているのか興味があった。時間と場の制約もあったが、若手学者の反応は「うーん、今西ね。」と少々困惑の表情であった。こちらも尋ねるべき知識もなくそのままで終わったが、私の勝手な判断では、今西進化論を云々するまでもない、という感じであった。残念だったが、それ以上踏み込めない自分の限界だと思った。

その後、京都哲学撰書というシリーズ（燈影舎）の第十九巻の今西錦司『行為的直観の生態学』（二〇〇二年）の中村桂子氏の「解説」を目にして、その現代の学者の「困惑」を少し納得できる気がしたのである。

《白状するとこれまで今西錦司の著作をきちんと読んだことがなかった。一九六〇年代に、生化学から当時日本で始まったばかりの分子生物学にとび込んだ人間にとっては、今西進化論という言葉は時々耳に入ってはきても、遠い世界の話であり、それに関する著作は仲間内では禁書（というほど大げさではないが、読めば異端者になる本）だった。ワトソン＝クリックによるＤＮＡの二重らせん構造の発見に始まり、ＤＮＡを中心にした生命現象の解明が急速に進む中、まずは進化そのものが、実験科学者にとってはカヤの外に置いておくべきテーマだったのだ。ダーウィンの「種の起源」とほぼ同時に世に問われた、メンデルによる遺伝因子という概念が大いにその後の研究を発展させ、分子生物学での中心課題となったのと対照的だ。その頃始まった遺伝子の解明こそ生物学であると言ってよい風潮は今も続いている》

中村桂子氏は、分子生物学によって究明されたゲノム（DNAという遺伝子の細胞を細胞たらしめている機能としての「生命誌」）を切り口にして、自然・生命・人間というテーマに取り組んでおり、その観点から今西錦司をスケールの大きなナチュラリスト、「自然学」の先駆的大家として評価している。

しかし、この「解説」文からもわかるが、一方で現代の生物学者や科学者から見れば、今西錦司の仕事はすでに「遠い世界の話」になっているようである。

門外漢の自分が、そもそも現代の生物学や科学との「近さ」も「遠さ」も判然としない者が、今西論などをやるのは無謀であり、図々しいことこのうえない。しかし、その学問の領域のごく一部だけでもふれる、というよりはそれこそ今西錦司という存在の意味を、直観的に考えてみたいのである。

ポスト・モダン時代の到来

今西錦司という名前を強く意識したのは、実際にその著作を読む前のことだった。

思想家の吉本隆明との対話集『ダーウィンを超えて――今西進化論講義』（朝日出版社　一九七八年）を読んだときのことである。

両者の対話は佳境に入ってきて、人類の二足歩行と大脳の発達のくだりで、今西錦司の有名な「立つべくして立つ」という見解を語ったところである。

今西は、「みなさんは、変わるべくして変わったとか、立つべくして立ったということは説明にならぬとおっしゃいますが、事実がそうなんやから仕方がないやないかと、私はいっているんです」とダーウィン流の効用説や自然淘汰説を斥ける。そして、「変わるべくして変わった」ということは、偶然の所産ではないという。

これにたいして吉本は、その「事実」は論理的に説明できる可能性がなければ「学説」にはならないのではないかと疑問を呈する。つまり「論理の言葉」が必要ではないか、というのである。二人の対話を省略しながら引用しよう。

《**今西**　私は、変わるべくして変わったということは、偶然、必然のレベルを超えていると思うんです。偶然と必然は同じ土俵上での相撲を取っているんですが、それを超えている。（中略）そやからこれは、人間の営為の限界を超えた問題じゃないかと思うんです。それでなければ、人間が宇宙をつくる時期がくるか、そのどっちかにならざるをえぬと思うんです。

吉本　ぼくは、そうは思いませんね。

今西　そうするとやっぱり、宇宙をつくるときがくるという考え方ですか。

吉本　いや、そうじゃありません。つくることはできないです。なぜならば、人間というのもその中の一部分にしかすぎないわけですから、一部分が全体をつくることはできません。ただ、その事態をよりよくつかむことができる日は、いつかはくると思っているわけです。》

マルクスの思想をただ政治イデオロギーとしてではなく、政治・経済・宗教といった人間と世界の総体を究明する「論理の言葉」として受けとめ、それをさらに共同幻想・対幻想・自己幻想という体系を構築することで独自に展開しようとした思想家・吉本隆明の立場にしてみれば、今西のいう「変わるべくして変わった」式の言説は納得しがたいものがあったのだろう。

私が驚いたのは、そして他ならぬ今西錦司という名前を記憶に刻むことになったのは、この徹底した理性の人・論理の人である吉本隆明への、次のような今西の返答であった。長いので要約して引用する。

《今西　じつはある時期、たとえばルネッサンス以後の人間の精神状態には、そういう非常にたくましい好奇心とともに、知識欲もあった。すくなくともわれわれの若いころ（引用者注・今西は一九〇二年生まれ）は、まだそういう探求欲は旺盛だったですよ。しかし今日のように、大学生が漫画を教科書と一しょにかばんの中へ入れてるというような情勢を見ますと、もうそうなんでもかんでも知りたがってるという時代は去りつつあるんやないか。／吉本さんもやっぱりそういう古きよき時代にお生まれになってますから、執念といいますか、そういう期待が、残っているかもしらぬけれども（笑）、科学が無限に発達するとか、技術が無限に発達するとかいうことには、なにも科学的な根拠がないのです。それは、一つのイリュージョンであるかもしれません。われわれはそういうふうに教え込まれておったけれども、時代が変われば、もうそんなこと考えなくてもよいと、小学校のときから教えるようなときがこないともかぎらない。》

今西錦司はさらに「近代的人間」という言葉を用いながら、「理性万能」主義への疑問を語っている。引用を続ける。

《そもそも人間としてのできあがりというものを考えてみると、知識とか理性だけの人間というものは、できそこないの人間であり、片輪の人間である。人生を全うするためには、理性もおおいに使わんならぬやろうけれども、それだけでなくて、人生には理性やあるいは論理に地盤を置かない世界もある。いろいろな遊芸の道というのがありますね。それからもっと深いところには、われわれが動物時代から引きついでいる、本能の世界というものもありますね。こういうわれわれにそなわったいろいろな世界のあいだのバランスをうまく保ってゆくことこそ、大切なのに、その中で理性の世界だけを取り出し、取り立てて、ほかの世界を無視したり、あるいは虐待したりしたところに、そもそも今日の文明の行きすぎの原因があるのでなかろうか。／その点からいえば、資本主義社会であろうと、社会主義社会であろうと、みな同じあやまちを冒し、同じ行きすぎにおちいっているのやないかと思うんです。》

この今西の発言は、近代文明の全般にたいする鋭い本質的な問いかけであり、同時に進歩主義の「近代（モダン）」という価値が失効しつつあるとの予言でもあった。この対話集が刊行されたのが一九七八年（十二月）であったことをもう一度記しておきたい。

翌年、すなわち一九七九年に時代のメルクマールになる、ふたつの本が刊行される。

ひとつはフランスの哲学者ジャン＝フランソワ・リオタールの『ポスト・モダンの条件』である。西洋文明を支えてきた「近代（モダン）」という価値が崩壊したという、まさにその象徴的な宣言であった。

リオタールの『ポスト・モダンの条件』の序文を引用してみよう。

《科学と物語とは、元来、絶えざる葛藤にある。科学の側の判断基準に照らせば、物語の大部分は単なる寓話にすぎないことになる。ところが、科学が単に有用な規則性を言表するにとどまらず、真なるものを探求するものである限り、科学はみずからのゲームの規則を正当化しなければならない。すなわち、科学はみずからのステータスを正当化する言説を必要とし、その言説は哲学という名で呼ばれてきた。このメタ言説がはっきりとした仕方でなんらかの大きな物語――〈精神〉の弁証法、意味の解釈学、理性的人間あるいは労働者としての主体の解放、富の発展――に依拠しているとすれば、みずからの正当化のためにそうした物語を準拠とする科学を、われわれは〈モダン〉と呼ぶことにする。（中略）極度の単純化を懼れずに言えば、〈ポスト・モダン〉とは、まずなによりも、こうしたメタ物語に対する不信感だと言えるだろう。この不信感は、おそらく、科学の進歩の結果である。だが、同時に、科学の進歩もまたそうした不信感を前提としているのである》（小林康夫訳、水声社　一九八九年）

解説的に一例をあげよう。たとえばマルクス主義は、フーリエなどの「空想」的社会主義にたいして、「科学」的社会主義と呼ばれてきた。唯物史観とか階級闘争史観とかは、政治的な革命、プロレタリア革命という現実をうながす理論的根拠とされた。政治・権力の闘争は、この「科学」と「大きな物語」＝「労働者の解放」と「ユートピアとしての共産主義社会」・「国家の廃棄」等々を必要としたのであり、その意味でまさにマルクス主義は「革命という物語を準拠とする科学」であった。

リオタールのこの言説から十年を経て、東西冷戦の象徴であるベルリンの壁の崩壊、そして一九九一年のソ連邦の崩壊という歴史的現実が起こったが、それはたんに「社会主義」の限界と瓦解といった状況にとどまらず、もっと広くいえば西洋「近代」の崩壊の典型的側面であったといえよう。

さらにいえば、ソ連邦崩壊による冷戦構造の終焉はアメリカを代表とする西側の資本主義、自由主義陣営の〝勝利〟といわれたが、二〇〇八年以降のアメリカ発のグローバルな金融危機は、アメリカ一極支配の終わりというよりも、「自由」や「理想」や「進歩」といった普遍的価値と信じられてきたものの揺らぎであり、十八世紀以来の「近代的人間」――「理性的人間」を支えてきた〈モダン〉ヴィジョンの決定的な歴史的変容であった。

リーマン・ショックによる金融危機は、百年に一度ともいわれたが、ちょうど百年前にドイツの歴史家オズヴァルト・シュペングラーは『西洋の没落』という本で、「文明」を次のように定義していた。


《人間という高度の種によって可能とされるところの最も外面的な、また最も人工的な状態である》

『西洋の没落』というタイトルから誤解されやすいが、シュペングラーのいうのは「西洋」という地域だけではなく、「文明」自体の問題性、今西のいうまさに「文明の行きすぎの原因」に帰着するところの危機・没落なのである。

「科学が無限に発達するとか、技術が無限に発達するとかいうことには、なにも科学的な根拠がないのです。それは、一つのイリュージョンであるかもしれません」

この今西発言は、「科学の進歩」によってポスト・モダン時代の到来することを予告し、「古きよき時代」すなわち〈モダン〉の終焉を受容するなかで、人間と自然と世界をどう捉え直すかという、きわめて今日的な問題提起をなしている。

分子生物学などの生物学、科学の最先端を走る専門家から見れば、すでに「遠い世界の話」のようにしか映らない今西の仕事は、もしかしたら現在、われわれの知の地平において、最も「近く」にあるのかもしれないのである。

世界の進歩が止まる時

一九七九年のもう一冊の本とは、村上春樹の『風の歌を聴け』である。

この小説は同年の文芸雑誌『群像』の新人賞を受賞した。当時の選考委員の一人であった丸谷才一氏は、「二十九歳の青年がこれだけのものを書くとすれば、今の日本の文学趣味は大きく変化していると思われます。この新人の登場は一つの事件ですが、しかしそれが強い印象を与えるのは、彼の背後にある（と推定される）文学趣味の変革のせいでしょう」と選評で述べている。

現代アメリカ小説やジャズ音楽のアメリカ文化の影響も指摘されたが、村上春樹の作品は何よりもその文体（スタイル）において、それまでの日本の近代小説（戦後文学と呼ばれる一九四五年以降の文学もふくむ）

とはあきらかに異なる、ポップな感覚と抒情性がきわめて新鮮な印象を与えた。戦争や革命といった、あるいはマルクス主義体験を通過した戦後文学の作家たちの作品を「大きな物語」（実際に彼等は典型的な長編型作家だった）というとすれば、村上氏の登場こそは、ポスト・モダニズムの空気をいち早く吸収しているものであったといえよう。

ここで詳しく村上文学について分析することはできないが、その文学世界の底から静かに語りかけてくるメッセージは、文明や科学の発達したなかで、そこで生きている人間の微かな不安や虚無の感覚なのである。それは昔の時代をなつかしむというセンチメンタリズムではなく、むしろ自分たちが立っている場所が歴史のなかで確定できないという「不安」であり、あらゆるものが発達し進歩していくということが、まさに幻影であったという未来への虚無感に他ならない。

村上春樹の代表作『ねじまき鳥クロニクル』は、一九八四年、法律事務所を辞めて人生のつかの間の休日を楽しもうとしている三十歳の主人公の「僕」の平和な一日からはじまる。台所でスパゲティーをゆでながら、FM放送にあわせてクラシック音楽の序曲を口笛で吹いている……。

時計はカチカチと時を刻み、世界はその刻々の時にしたがうように、ゆっくりと前に進んでいる。それは永久にこわれることのない時計のような日常の時間だ。しかし、永久時計と思いこんでいたものが、「ぜんまい式」のものであったら。ぜんまいは、あるところでピタリと停止する。二度と動かなくなる。誰かがもう一度、巻くことをしなければ。そんなふうに、もしこの世界が、永久に動き、進んでいると誰も疑わなかった世界が、ピタリと止ったとしたら。『ねじまき鳥クロニクル』は三部作で全部で千ページをこえる長編だが、この作品の深いところにあるのは、あらゆるものが前進し発達していくということが幻影であると知ったときの恐怖感である。進歩主義から解放されたとき、人はあくせく息をついで走ってきた慌しさから自由になるのか。自分が人間という生物であり、身体や感覚によってこの世界とあらためて豊かな交感ができる余裕を持てるようになるのか。外気を深く吸いこんで、生命の躍動力を回復できるのだろうか。

いや、そんな解放感や自由を感じる前に、人は圧倒的な不安と虚無に襲われるのではないか。この世界が、永久に動き、進んでいると誰も疑わなかったことが、今ここで「ピタリと止ったとしたら」。

村上ワールドは、一九八〇年代からのポスト・モダニズムのこうした空気を、物語やファンタジーのなかで巧みに表現することに成功したのである。小説は時代を映し出す鏡であるといわれるが、まさにその通りだろう。

二十一世紀に入って、村上春樹の文学が日本だけでなく海外の国々でも多く読まれているのは、文体の巧妙さや読みやすさ、ストーリー展開の面白さというだけではなく、西洋的な近代主義（当然そこにはアメリカも、また近代以降の日本その他の先進アジア諸国も入る）の価値が揺らぎはじめた世界史的なポスト・モダニズムの状況が、その背景に関与しているように思われる。

こうした世界的状況のなかでこそ、今西錦司の仕事はにわかに新鮮な光を、今日のわれわれに投げかけてくるのではないだろうか。とりわけポスト・モダンとは、思想や哲学や理念の領域だけでなく、リオタールがいうように「科学の進歩」が、そこに決定的な事柄として大きく関与しているからである。

「近代の超克」論との相違

ポスト・モダンという現在の場所から、今西錦司の仕事を見直そうとするとき、もうひとつ大切な前提として付け加えておかなければならないことがある。

それは今日のポスト・モダニズムの状況を、戦前の日本でいわれた「近代の超克」論と厳密に別けて考えるということである。

日本における「近代の超克」論は、明治以降の近代化＝西洋化のはらむさまざまな問題の集積として議論され、昭和に入るとそれは「西欧」にたいする「日本」そして「アジア」という対立図式へと展開されていった。

雑誌『文學界』が座談会「文化総合会議シンポジウム――近代の超克」を掲載したのは、昭和十七（一九四二）年の十月号であった。出席者は、小林秀雄、西谷啓治、亀井勝一郎、諸井三郎、林房雄、鈴木成高、三好達治、菊池正士、津村秀夫、下村寅太郎、中村光夫、吉満義彦、河上徹太郎の十三名であった。主催の『文學界』の同人、京都学派の哲学者、日本浪曼派の文学者らを一堂に会したもので、専門分野を異にする知識人が「『近代の超克』というただ一つの標識燈」（河上徹太郎）によって言葉を交わした。しかし、この議論は「近代」が西洋のもたらした価値であり、それをひたすら受容することで近代化してきた日本は、このままでよいのかという懐疑と反省を持ちながらも、それが欧米列強との戦争の正義、とくに大東亜戦争の理念と結びついた側面があった。

科学者の下村寅太郎の次のような意見は、当時の共通認識であった。

《現代の我々に於てヨーロッパは既に他者ではない。我々の先人や我々も事実上近代の西洋を身につけることに努力し、それに於て成長してきた。それに対し、何を、如何に、如何なる程度に、受容したかを、反省し批判しているのが今日の我々である。（中略）近代とは我々自身であり、近代の超克とは我々自身の超克である》（「近代の超克の方向」『近代の超克』冨山房百科文庫所収　一九七九年）

この議論の「方向」自体が間違っていたわけではない。しかし、座談会の出席者のなかでいちばん若い文芸評論家の中村光夫（当時三十四歳）などの何人かの例外をのぞくと、議論の流れは、京都学派の学者のいう「近代精神の超克」のための日本主義、あるいは東洋的な「無の思想」という、きわめて限定された方向へと傾いていった。

たとえば哲学者の西谷啓治は「主体的無の宗教」なる立場をこういっている。

《意識的自己の否定、いわゆる小我を滅した「無我」、「無心」として現れるものである。かかるところに真の「心」真の「魂」、則ち主体に於ける真の主体性が現われる。これは身体とその属する自然的な世界、心とその文化の世界に対する絶対の否定、絶対の超越を含む。そこにまた、世界からの全き自由、宗教的な自由がある》(「『近代の超克』私論」)

この「無我」と「無心」による近代(西洋)精神の超克という発想は、もちろん京都学派の代表的思想家・西田幾多郎の影響によるものだろう。

西田哲学は西洋思想の文脈を用いながら東洋思想やその精神を構造的に体系化しようとした、きわめてオリジナルな哲学であったが、時代の潮流のなかで、それが国体論や日本主義のイデオロギーに利用されたのである。つまり、西谷啓治の語るところの「主体的無の立場」による〝近代の超克〟も共同体の思想と同一化していった。これは当時の「京都学派」の高坂正顕や高山岩男といった哲学者にも共通していえるものであった。

戦後、したがってこの「近代の超克」論はイデオロギー的にタブー視されたが、この京都学派の哲学とりわけ西田哲学と、今西錦司の仕事の相違をあきらかにすることはぜひとも欠かせないものであろう。つまり、それはダーウィンの進化論にたいして、今西の進化論やその自然学が、「西洋」近代にたいする「日本」あるいは「東洋」の立場といった評価（そのような評価が今西の学問に称讃として寄せられたのは事実である）から自由になる必要がある。

今西自身も「今西は西田哲学の発展形態である」「西田哲学から生物学に道をつけた」という評価を意識してか、自分の学問への西田哲学の影響をきっぱりと否定している。今西錦司を「京都」というトポス（場）から離して考えるのは無理があるが、「京都学派」という哲学的スクールとの関係を過大視するのはむしろ問題だろう。

今西の進化論およびその生物学、自然学の根本には、「無」の思想や「主体と客体の未分化」という東洋思想は全くといっていいほどないのであり、むしろそこにはキリスト教の目的論的世界観に近いものがある。

ダーウィニズムは、近代科学の精神の発露として、キリスト教の旧来の世界観、すなわちこの世界における自然や生物が、ある目的に向っている（聖書では終末論的な救済観としてそれは示される）という考え方を拒否した。たとえ生物の種が〝進化〟するにせよ、それは「ある意味が成就される方向に進んでいる」のではなく、つまり突然変異であり、目的論的（合目的性）を志向すること自体が非科学的であるとみなされたのである。それは近代科学の歴史がキリスト教の神学的権威と対立した結果であった。
今西錦司は、この近代的な「進化論」の科学イデオロギーに異を唱えたのであった。
《ひと口にいうならば、それは、生物がなんらかの目的をもって行動すると考えることを、〝目的論〟的解釈として、極度に排斥する傾向が芽ばえつつあった時代であり、ダーウィン自身が、いわば、そうしたムーブメントに対する先覚者の一人であった、ということができる。生物の主体性を完全に抹殺し、生物を盲目にしたうえで、進化の主体をすっかり環境の側に押しつけた、かれのあの極端な進化論が、その後の一世紀にわたり、いわゆる正統派進化論の中心におかれて、ゆるがなかったということも、その間に長足の進歩をとげた、実験生物学（遺伝学もその一つである）のゆきすぎた客観主義と――生物の主体性を、あるいは生物の目的追求性を、否定する点で――合致し、その支持をうけていたからにほかならない。》（「正統派進化論への反逆」一九六四年）
近代科学の主流は、キリスト教世界観からの解放・自由ということで、いわば「反神学」的になり、それは当然「反目的論」的になった。かくしてダーウィニズムから、ワトソンとクリックによるDNAの二重らせん構造の発見（一九五三年）による、遺伝子の解明（分子生物学）の隆盛のなかで、その流れはさらに加速され強力なものとなっていった。遺伝子レベルの突然変異においては、全く

「偶発的」かつ「無方向的」なことが生じているのであり、宇宙には目的もなければ、神も存在しないということになる。

戦前の「近代の超克」論（戦後はそのような議論すらほとんどなされなかったが）のように、「西洋」近代という軸を立てて、それに対立する「日本」そして「東洋」の思想的立場という二項対立が、いかに無意味で乱暴であるかはあきらかだろう。つまり、「西洋」の内側から、中世以来の安定したキリスト教世界観を突き破り、否定するかたちで、近代主義（モダニズム）としての科学主義が出てきたのである。真に問われるべきは、キリスト教とイコールの西洋文明ではなく、むしろキリスト教的な神を斥けようとした〈モダン〉の価値としての「西洋」であるからだ。

今西錦司が一九四一（昭和十六）年、三十九歳で著わした『生物の世界』は、すでに今西の思想の骨格が語られており、代表作といってよいが、その冒頭で述べられている「世界観」は、中世的あるいは使徒パウロの時代の原始キリスト教のそれに、むしろ近似しているのである。

《われわれの世界はじつにいろいろなものから成り立っている。いろいろなものからなる一つの寄り合い世帯と考えてもよい。ところでこの寄り合い世帯の成員というのが、でたらめな得手勝手な烏合（うごう）の衆ではなくて、この寄り合い世帯を構成し、それを維持し、それを発展させて行く上に、それぞれちゃんとした地位を占め、それぞれの任務を果たしているように見えるというのが、そもそも私の世界観に一つの根底を与えるものであるらしい。》（『生物の世界』）

　ここで、今日のポスト・モダンの定義を改めて確認しておこう。それは「科学の進化」が根拠としてきた「大きな物語」の崩壊であったが、その「物語」は、キリスト教の神が支配する領域から解放され、人間の理性によって切り拓かれる文明社会、理想社会であった。ダーウィニズム、またその文明・社会版としてのスペンサー流の社会進化論は、西洋近代の国民国家のみならず、明治以降の日本の最大のイデオロギーでもあった。ポスト・モダニズムとは、この〈モダン〉の普遍的価値や客観主義が揺らぎ、崩れていく状況である。

　第一次大戦後に非暴力による社会革命を目ざしたドイツの哲学者グスタフ・ランダウアーは興味深い予言をしている。すなわち、この「近代（モダン）」とは、中世社会に続く新しい社会を実現したのではなく、むしろ新しい安定した秩序と社会をつくれないでいる、「人類史における大きな逸脱の過渡期の時代」であると（グスタフ・ランダウアー『レボルツィオーン　再生の歴史哲学』大窪一志訳　同時代社二〇〇四年）。

　とすれば、ポスト・モダンの今日的世界は、この「近代（モダン）」の終焉――「人類史における大きな逸脱の過渡期の時代」から脱却しつつあるとはいえないだろうか。

　日本国内で、「近代の超克」の議論が、西洋近代の現実とキリスト教的世界観の本質との相違も不明確なまま、イデオロギッシュな「日本」主義に迎合しつつある、まさにそのとき、今西錦司は昭和十六年の京都にあって『生物の世界』を著わしたのである。そのダーウィニズムへの挑戦は、その「科学」が、「人類史における大きな逸脱」かもしれないとの直観に根づいていたのではなかったか。

二　カタストロフィーの前で

科学の「専門分化」の問題点

前章で、オズヴァルト・シュペングラーの『西洋の没落』（一九一八年）から、「文明」というものの定義を引用した。それは次のような言葉である。《人間という高度の種によって可能とされるところの最も外面的な、また最も人工的な状態である》。シュペングラーは「西洋」という地域だけではなく、各々の時代に栄えた「文明」は、春夏秋冬という季節の循環があるように、興隆から衰亡へ向かうというのである。

二〇一一年三月十一日の東日本大震災とそれによる福島第一原発の（現在進行形の）事故は、自然の災害と原子力をつくり出した近代文明の歴史とが、（自然と歴史という本来は直結しないはずのものが）日本列島の一角において、巨大な災厄として結びついたという意味で、まさに未曾有の出来事である。そして、原子力という究極のエネルギーが科学技術の進歩によって生み出されながら、人智をこえた制御不能に陥ったときに、どのような事態をもたらすのかを眼前に突きつけている。

シュペングラーは、「文明」の終結を「生につづく死であり、発達につづく凝固」であるともいったが、今われわれが固唾をのんで見ているのは、「文明の灯」が「悪魔の火」となっている惨状であり、それは近代文明の「死」の形相であり「凝固」の姿ではないか。

「3・11」以後、科学にどう向き合えばいいのか。〝想定外〟という言葉が用いられたが、原発事故を招いた理由のひとつは、科学者の「専門分化」にあると小宮山宏（三菱総研理事長・前東大総長）はいう。

《科学者たちがあまりに専門分化して、一人一人がまるで針のようになっている。特に原子力の専門家たちが顕著です。社会に対してだけでなく、分野の違う科学技術者との間にも壁を設けて、強固な『原子力村』をつくっている。タコツボ化しているように見えます。今回の事故は、これによる弱点が出てしまったのだと思います》（「朝日新聞」二〇一一年四月一日朝刊）

小宮山氏は、しかし「科学技術にはライト・アンド・シャドー、『光と影』があります」といい、科学技術が生み出した原子力というモンスターを、科学が押さえ込めないのではないかという限界論には異を唱える。

《確かに今回の事故は放射線の影響もあって、かなり厳しい事態です。でも私は、たとえどんなに困難に見えても、問題そのものを明確に、具体的につかめれば、我々は答えを出せると考えています。具体的にすればするほど、これまで人間は、科学は、問題を解決してきましたから》

これは科学者の立場からすれば当然の発言である。しかし、素人でも明瞭にわかるのは、福島第一原発の事故にたいして放射線の量の測定などの「具体的」な「数量化と形式化」の科学的データがいくら公表されても、原発災害の終息のプログラムはなお不確定な要素をはらんでいるということだ。既存の原発を計画的に廃炉にするのにさえも、使用済み核燃料を数年かけ冷却し、放射性物質を十年以上かけ低下させ、解体と土壌浄化にまた数十年、さらに廃棄物を地中深く埋め数万年を要する。

科学技術には「光と影」があるという。しかし、自然の現象を対象とする科学は、文字通り「専門分化」して「一人一人がまるで針のように」なってしまうことで、自然界という全体への視点を失ってきたのではないか。

そもそも二十世紀に起こったのは、人類の歴史がはじまって以来、いや、この地球に生命が出現して以来かつてなかった事態である。それは相互の関係としてあった生命と環境のバランスの力が、急激に変化したということだ。それまでは環境のほうが、生命の形態をつくってきたが、二十世紀において人間という生物が、この地球・自然環境を驚異的なスピードで変化させたのである。人間の実験室のなかでつくり出された新しい化学物質は、何億年という時間をかけて形成されてきた、この地球の生命と環境のバランスを激変させた。

海洋生物学者のレイチェル・ルイズ・カーソンの『サイレント・スプリング（沈黙の春）』（一九六二年）は、この地球規模の環境破壊の生態論的な危機に警告を発したものであった。そこでは核実験で空中にまいあがった「ストロンチウム90」が、雨やほこりにまじって降下し、土壌に入りこみ、草や穀物に付着し、人体の骨に入りこむことがすでに指摘されていた。それは放射能だけでなく化学薬品についても同様である。

核分裂のつくり出したもの

原子力のことを思うとき、私が想起するのは、作家・林京子の『トリニティからトリニティへ』（『長い時間をかけた人間の経験』所収　講談社文芸文庫　二〇〇五年）という作品である。これは長崎で十四歳のときに被爆した作家が、米国のマンハッタン計画（原爆開発）で「トリニティ・サイト」というコードネームで呼ばれる地図にない場所――広島・長崎の約一ヵ月前に史上初の原爆実験が行われた爆発点（グランド・ゼロ）を訪れる話である。

そこで作家は、自分たち被爆者よりも前にニューメキシコの広大な原野の生物や草木、土や砂が核分裂の閃光に焼かれた事実にはじめて気づく。そして、その閃光と熱線とがつくり出した、高温で溶けた大地の砂と土が空中で舞いつつ寄りあい固まった、「まるい石」を見る。ガラスケースに入っているこの石を記述する作家の描写は心底恐ろしい。

《直径一センチばかりの、まんまるい石である。全体は灰色にみえるが、よくみると白や褐色、緑や赤などの砂粒が混っている。艶がない小石をさして、係官が説明をはじめた。

〃このまるい石は、アトミック・ボムの爆発実験で吹き上げられた大地の砂と土が空中で舞いつつ寄りあい、高温で溶けて球状に固まったものです。われわれはこの石を真珠と呼んでいます〃といった。石は見事に球形をしていた。

長崎を攻撃したボックス・カー号の乗員の一人は、「地上では、ニューメキシコ州のアラモゴードの砂漠で行われた実験以上のことが起こっていたのである。」と書いている。高温で溶けた人間も、球状の小石になって舞ったのだろうか》

核分裂のエネルギーは、これまで地上に存在することのなかったこの「まるい石」を造ってしまったのだ。アポロ宇宙船が月面より持ち帰った月の石は、地球上のものではないが、宇宙に存在する被造物としての石である。しかし、「真珠」と呼ばれる「白や褐色、緑や赤などの砂粒」が高温で溶けて、ひとつの球体となったグランド・ゼロの石塊は、人間が地上へと落下させた原子の太陽によってつくり出された、被造世界の外部のものに他ならない。それは人間がその理性と科学の力によって生んだである。

　今回の原発事故は核兵器による災危ではないが、自然災害と原子力にたいする危機対応の不備が起こした〝事故〟というよりは、原子エネルギーそのものに自らの存在の命運をあずけた、科学技術の限界を露呈している。その意味では「人間がつくり出した悪魔」に、われわれはまさに直面しているのだ。この「悪魔」を鎮火させるのには、やはり科学技術の力に頼る他はないが、このような人間だけでなく自然界のあらゆる生物や物質をも死滅させる根源的危機（カタストロフィー）を招いたのが、高度に「専門分化」したサイエンスであり、原子核のなかから巨大な熱エネルギーを抽出するテクノロジーであった事実は否定できない。そして、このカタストロフィーを代償として、われわれはこの「文明」世界を築き、その砂上の宮殿の繁栄と欲望充足を享受してきたのである。

人間の「理性」の光と影

　今西錦司は「岐路に立つ人類」という文章で次のように語っていた。

《人類はやがて、いまだかつて経験したことのないような危機を、迎えることになるであろう。私

はその時期を、二一世紀のはじめと踏んでいるから、案外に近いのである。》

この一文は一九六九年に記されている。今から五十年余り前であるが、今日のカタストロフィーを思えば、文字通り「案外に近い」時間で、この予言は的中したのである。

今西は、この危機とは「われわれが享受している現代文明の危機」であると端的にいっている。

《現代文明とは、いいかえるならば物質文明であり、機械文明である。物理学、化学の進歩と、これを実用化する工学の生んだ文明である。（中略）そもそも科学というものも機械というものも、それらはいずれも人間の理性にもとづいてつくられたものであり、それゆえ、合理性をたてまえとするものである。したがって現代文明はまた、合理化の文明であるともいうことができる。そうすれば現代文明の進行方向は、いきおいこの合理化の徹底化ということにならざるをえない。》

原発の安全神話の崩壊とともに、危機管理、ということがいわれている。しかし当たり前のことだが、デンジャー（危機）とはそもそも想定をこえた出来事であり、管理不能の事態をさす。原発事故はとりわけこの危機（デンジャー）の最たるものであり、「問題そのものを明確に、具体的につかめれば」科学の力によって「問題を解決」できるとはいいきれないのである。なぜなら、「合理性をたてまえ」

として進化してきた科学は、原子力という怪物を産出することで、それと「具体的」に対峙し対応するためには「数万年」という、現在生きて未来への責任を負うている人間にとっては「不合理」としかいいようのない現実を視野に入れなければならなくなったからである。

とすれば、今西の指摘する通り「合理化の徹底化」という「現代文明の進行方向」は、かならずや破局を迎えることになるだろう。そして、われわれはまさに二〇一一年三月十一日をきっかけに、この「いまだかつて経験したことのないような危機」のただ中にいるのである。

一七五五年にポルトガルのリスボンで起きた大地震は、東日本大震災に匹敵するマグニチュードであり、地震と津波により六万人が犠牲になったといわれている。十一月一日というキリスト教の祭日であり、教会で礼拝していた老若男女も多く亡くなったこともあり、ヨーロッパではそれまでの神学的世界観から、ヴォルテールやカントなどの啓蒙哲学への大きな歴史的・思想的な転換のひとつのきっかけにもなった。神義論（神が存在するのに、何故こんな災厄が善男善女を襲うのか）とともに、人間はその内なる理性と知性の力によって自然の脅威を乗りこえていくことができるという考え方が生まれ、そこから近代科学の道が拓かれていったといってもよい。

それから二百五十年余りを経て、この近代科学が、その理性と合理性の力によって地上に実現した「文明」の真価が逆に問われているのだ。おそらく、これは世界史の文明論的大転換を意味している。

先に引いた「岐路に立つ人類」という一文で、今西はまたこう指摘している。

《たしかに理性の存在は、人間を特徴づけるものであるが、理性というものも、もともとは人間が生きてゆくための適応として、発達したのであって、人間のために理性があり、理性のために人間があるのではない。（中略）しかし、いまのような文明の進み方は、理性ばかりを重用することになるので、その結果、だんだん潤いのない、味気ない社会になってしまう。人間疎外の叫ばれる原因の一つがここにある。生物の進化では、ある器官の発達が、はじめは生きてゆくための適応として有用であっても、発達しすぎると全体のバランスを破り、かえって有害となることがある。人間の場合、今日の文明とそれを支えている理性とは、このような直進進化におちいってゆくおそれが、ないとはいえない。》

今西がいわゆるダーウィニズムの「正統派進化論」（ランダムな方向性をもたない突然変異に基礎をおいた進化論）を批判し、「方向性をもった突然変異に基礎をおいた進化論」に与するのは、前者がキリスト教世界観の終末論（神の創造によるこの被造世界はキリストの再臨によって終末（エンド）＝目的を迎え、救済の完成に至る）を斥けて、進化を「目的論的」に説明しないことこそが、人間理性を第一義としているという近代主義のイデオロギーであり、それにたいする根本的な疑義があるからだ。

近代ヨーロッパに端を発した、「理性」と「合理」の精神。それはまさしく中世的な神学観から人間に自らの理性の光を発見させ、蒙を啓くことを可能ならしめた。しかし、その人間中心主義、すなわち「理性」の「直進進化」は、この被造世界に光をもたらすとともに、大きな影をもたらすことにもなった。二十一世紀のはじめにおいて、われわれは刻々にこの影が深い闇へと移りかわるのを体験しているのだ。

「自然学」の再発見

一九八〇年に、今西は自らの学問の基本としての「自然学」という発想をこう語っている。

《……ぼくのいう自然学というのは、自然科学と社会科学と人文科学とを分ける、今の学問のシステムにおさまらんところが生じてくる。今の学問でモデルとされているのは、自然科学の一番基礎学科である物理学ということになっているけれど、物理学だってもとをただせば自然現象をいかに解釈したらいいかという自然学から出ている。それがだんだん洗練されたのか、偏ったのか知らんけれども、いまみるような物理学になってしまったんです。それなら生物学はどうやいうたら、生物学も博物学といっていた頃には、これもまさに自然学だったのです。（中略）いまごろぼくのように自然学をもちだしてくるのは、時の流れから見たら、たいへんな逆行かもわからん。しかしまた、どこかで流れが変わらんとも限らない。とにかく今の狭められたサイエンス、これは物理学にしても、生物学にしても、社会学にしても、みなそうですが、そうしたサイエンスのメソドロジー（方法論）の上に乗らない現象というものがいくらでもあるんです。今日の科学の取りあつかいうる現象というのはいわば氷山の一角ですよ。それにもかかわらず皆がそれに安心しているんじゃないですか。安心しているというのもおかしいが、もうそれだけで下に隠れている部分がまるでないかの如きやね。（中略）ここで氷山に例えているのが自然全体なんです。（中略）では氷山全体を論ずる立場というものがどこかにあるであろうかというに、それは現在の科学の方法論からはたとえ逸脱しても、もう一度今日の科学の母胎ともいうべき自然学に立ちもどる外にないのではないか。自然学とはなにかそういう全体の統合原理を秘めたもののように考えられないであろうか。》（『今西自然学』について」）

このような今西の発言を、当時のサイエンティストたちはどのように受けとめたのか。しかし、目的論的世界観を斥ける物理学や生物学が、その専門化された方法論を尖鋭化することで、「氷山の一角」の、まさにその「針」の先に立つことになったことは容易に想像されるだろう。そして、そうしたサイエンスの視野からすれば、今西が語るような「科学の母胎ともいうべき自然学」は、何か具体性を欠いた理想論のように映ってきたのかも知れない。しかし、今西のいうところの「自然学」は決して理想論でもなければ、時流から「逆行」したものでもない。いや、「流れ」はあきらかに「変わった」。われわれはこの被造世界の、自然界の「全体の統合原理を秘めたもの」を今こそ再発見しなければならないだろう。

その再発見のメソドロジーは、では一体どのようなものなのか。それは今西錦司という人物と学問の全体に迫らなければ見えてこないだろうが、ひとつ明瞭にいえるのは「自然」にたいする「直観」というものの対峙力である。「直観」を方法論などというのは奇妙というよりは、科学の領域においてはトンチンカンと思われかねない。

《……科学のように、百発百中をねらう傾向のあるものにとっては、直観はその方法論として、なじみがたいところがあるのはやむをえない。けれども百発百中をねらいすぎて、科学はみずからを矮小化しているきらいが、ないでもない。／直観はうまく当たればすばらしい、といったが、すこし具体的な例をあげてみよう。私はいまでもしょっちゅう山に出かけているが、道のないところを歩いたり、霧に巻かれたりしたときには、もっぱら直観にたよって歩くしか仕方がない。そういうとき、直観がよくきいていれば、かならず自然に自分の望んでいるところへ出られるのである。これを結果的にみると、直観が当たってすばらしいということになるけれども、行為の最中には没我というか、いわば捨て身で行為している。これも後から考えていうことだが、哲学者の西田幾多郎

がいう行為的直観とは、ああいう心境を指したものかもしれない、とおもったりする。》(「直観と自然」一九八〇年)

この「直観」への志向を、今西錦司という稀有なナチュラリストの個性に帰してはいけないだろう。今西自身がその影響を否定している西田幾多郎の名前が記されていることは偶然ではない。ここには十八世紀西洋に端を発する近代主義の哲学、思想、宗教、科学とは異なる、日本人の身体感覚ともいうべきものに根ざした自然感が深く関わっているのではないだろうか。

三　生物の全体へ

登山と幼虫

専門分化した科学（それは自然科学だけでなく社会科学や人文科学などのサイエンスを含む）を学問の進歩ではなく、むしろ学問領域が細分化されることで、人間が陥る「危機」が出来することを予言していた今西錦司の言説には、まさにアクチュアル（今日的）なものがある。

3・11以降にこの国で起こっているのは、福島原発の事件にあきらかなように一種のエマージェンシー（emergency）すなわち「非常事態」であるが、それは危機が起こるというより、まさにエマージェンス（出現）する事態であり、メルゲレ（mergere）つまり「沈んだもの」が、エ（ex）「外に出る」ことである。「想定外」という言葉が今回の大震災でよく使われたが、それは専門分化した知識や技術の範囲をこえていることの弁解でしかない。

前章でも引用したが、今西は「自然学」という総合的観点を提唱して、次のように語っている。

《……今日の科学の取りあつかいうる現象というのはいわば氷山の一角ですよ。それにもかかわらず皆がそれに安心しているんじゃないですか。安心しているというのもおかしいが、もうそれだけで下に隠れている部分がまるでないかの如きやね。（中略）ここで氷山に例えているのが自然全体なんです。（中略）では氷山全体を論ずる立場というものがどこかにあるであろうかというに、それは現在の科学の方法論からはたとえ逸脱しても、もう一度今日の科学の母胎ともいうべき自然学に立ちもどる外にないのではないか。自然学とはなにかそういう全体の統合原理を秘めたもののように考えられないであろうか。》（「『今西自然学』について」一九八〇年）

この「自然学」の実践知として今西が強調するのが「直観」である。西田幾多郎の用いる「行為的直観」という言葉も用いているが、それはデカルト哲学以来の、主体と客体、主観と客観という二分法、人間の意識を中心にして世界を見るという態度を改めるということでもある。

西田幾多郎の有名な『善の研究』は一九一一年に刊行されている。今西錦司の『生物の世界』はその三十年後、一九四一年であるが、しかし西田哲学のいわゆる「純粋経験」と、今西自然学の「直観」には、決定的な相違がある。そのことは大切なので、議論しておく必要はあるだろう。

西田は主体と客体、主観と客観といった西洋近代哲学の二分法ではなく、真の実在をとらえるためには「現前の意識現象と之を意識するということとは直に同一である」ということ、主観客観の対立もなく、知情意の分離もない「純粋経験」というものを立てる。

《経験するというのは事実其儘知るの意である。全く自己の細工を棄てて、事実に従うて知るのである。純粋というのは、普通に経験といっている者もその実は何らかの思想を交えているから、毫も思慮分別を加えない、真に経験其儘の状態をいうのである。たとえば、色を見、音を聞く刹那、未だこれが外物の作用であるとか、我がこれを感じているとかいうような考のないのみならず、この色、この音は何であるという判断すら加わらない前をいうのである。それで純粋経験は直接経験と同一である。自己の意識状態を直下に経験した時、未だ主もなく客もない、知識とその対象とが全く合一している。これが経験の最醇なる者である。》（『善の研究』第一編　純粋経験）

西田は、しかし「我々の身体もやはり自己の意識現象の一部にすぎない。意識が身体の中にあるのではなく、身体はかえって自己の意識の中にあるのである」という。西田哲学には禅（仏教）や東洋的な思索があるといわれているが、その「純粋経験」の哲学は、フッサールが切り拓いた現象学に接近している。今西自身も西田を「西洋の論理によって、東洋の思想を解釈しようとした」と明確にいっているが、西田哲学との距離は、今西がその自然学の基底に「身体」を置いていることに根本的な要因がある。つまり、今西自然学には「身体はかえって自己の意識の中にあるのである」という定義はない。むしろ、身体という自然を媒介にすることで、意識を中心として対象や世界と対峙する姿勢を転換させようとしたのだ。

つまり、今西のいう「直観」とは、意識や精神を集中することではなく、反対に過剰な意識による統制から身体を解放し、そこで自然と馴致するようにすることである。

それは哲学や思想ではなく、今西においては山登りという行動から導き出される。

《……直観は類推とちがいまして、われわれが日常において、しょっちゅう体験しているものであります。まず例をあげてみましょう。山へ行きまして、いままで登ってきた道が二つに分かれた。右が正しいのか左が正しいのかわからんという場合どうするか。そんな時は地図も磁石も当てにならない。直観に頼る以外にないのです。山の中で霧に巻かれたり、吹雪に遭ったりした時も同じことです。ここを行ったらよいということがわかっても、なぜよいかということがわからない。みんなの納得できるように説明することができない。理窟でなくわかる。それが直観というものですね。》

(「私の学問観」一九八二年)

「直観」という言葉は、辞書的には「推理によらず、直接的・瞬間的に、物事の本質をとらえること」という意味だが、ドイツ語のアンシャウエン（anschauen）すなわち「注意する」「直に見る」というニュアンスもある。対象をありのままに、その全体を見るといってもいい。分析は対象を細分化するが、直観は対象を全体として見る。それも客観的に「見る」（観察）のではなく、その対象そのものを通して本質に迫る。洞察力である。

大切なのは、このような実践知としての「直観」が、「山に登ると、相手は自然の全体で、人間も全能力を発揮せねばならず、ホーリスト（全体論者）になる」という自身の身体的経験に根ざしているとともに、大学を卒業した後に十年間、渓流にすむカゲロウの分類研究の果てに、「棲み分け理論」を発見するという学問的経験を土台にしていることだろう。それはまさに生物を注視する持続の結果としての「直観」であった。

《そのうちに、ついに転機がやってきた。ある日突然に。それは毎日のようにそこへ採集に出かけていた京都加茂川で、その日なんの前ぶれもなく、私がそこにすむ四種類のヒラタカゲロウの幼虫の棲み分けを、発見したことを指すのである。もうすこし詳しくいうなら、四種類のヒラタカゲロウの「種社会」の棲み分けの発見なのである。》（「カゲロウ幼虫から自然学へ」一九八三年）

この発見は、「ある日突然に」やってくるのであるが、その「直観」はまさに「直に見る」ことの忍耐強い作業の果てにもたらされた。
本田靖春『評伝　今西錦司』（岩波現代文庫　一九九二年）は、その今西のねばり強い観察の姿を次のように紹介している。

《今西が下鴨に転居してから、すぐそばを流れる賀茂川で、彼の姿がほぼ毎日見られるようになった。川底の小石を拾い上げては裏返し、そこから何やらつまみとっては小石を捨て、また別の小石に手を伸ばす。通りがかりにその奇妙ともいえる行動に気づいた人がいたとしても、それが何を目的になされているかについて察しをつけた人はあるまい。今西自身でさえ、まったく手探りの状態にあったのである。

彼はひたすら小石についたカゲロウの幼虫を採取して自宅に持ち帰り、観察を続けていた。

カゲロウの幼虫は、川・池・湖といった陸水の底棲動物に属する。一九三三（昭和八）年、今西はそれらが四つの生活形に分かれて棲みわけていることに気づいた。

まず、岸辺に近い泥やこまかい砂が沈積した流れのゆるやかな川底には、魚が襲ってきたとき、やわらかい地盤に潜り込むものと、川底を離れて泳いで逃げるものとの二種類が棲んでいる。そして、埋没型は原則として泥の表面から上に泳ぎだすことはなく、逆に、上に泳ぎだす遊泳型は原則として泥の中に潜り込むことはない。

一方、流れの速い、小石や岩がごろごろしている川の中心部に生活の場を置く幼虫は、同じように魚に狙われたとき、小石と小石のあいだや岩の割れ目などに身をひそめるものと、小石や岩を離れずその表面を滑りながら逃げるものとの二種類に分かれている。

こうした生活形の相違は幼虫の形態のちがいにもつながっていて、前者は泳ぐのに適した紡錘形の流線型をしているが、後者はそれを縦半分に切って、その切断面を下にしたような形をしている。流線型である点では変わりはないが、小石や岩の表面を離れずに迅速な行動をとるのに適した形である。

今西はこの発見をもとに、カゲロウの幼虫は、埋没的社会、潜伏匍行的社会、自由遊泳的社会、滑行的社会という四つの同位社会が構成単位となって、相似た生活の場を棲みわけることにより、お互いに相対立しながらも、お互いが相補う立場にたって、一つの生活形社会をつくっている、と結論づけた。》

今西がカゲロウの幼虫の生態に見ていたものは、個体という観念（それは還元論的立場に立つ自然科学のもたらすものであるが）から、その個体を包み込む全体(ホーリー)を直に感じることであった。個体からの進化を前提とするダーウィニズムと、今西進化論の根本的な違いのひとつは、この個体主義と全体論ということにつきるが、このときすでに今西は自然の全体を直に捉えるという「自然学」の基底を確立していたといっていい。

《……ダーウィンは「進化は個体から始まる」とするんです。ところが私はカゲロウの研究をしているとき、（中略）「棲み分け理論」というものを樹立する。どんなものかといいますと、個体を構成単位にした、つまりすべての個体を包含したもの、これを「種社会」として私はとらえたんですが、種社会の立場にたつと、種社会の方が種個体よりも社会構造論的にいえば、一段レベルが高い存在なんです。そんなら私の見ている自然というもの、生物を中心にして成り立ったこの自然というのは何かといいますと、これは、この種社会が構成単位となってできあがっている、ひとつの大きな「生物全体社会」である。逆にいうと生物全体社会の部分社会として種社会というものがあり、また種社会を構成しているものとして種個体というものがある。そういう構造になっているんですね。

……私は山というものを通して自然をつかんできたので、自分の目に見えなくとも種社会とか、生物全体社会とかの存在がよくわかるんです。》（「私の学問観」）

カゲロウの小さな幼虫。山岳学（アルペングランデ）を目ざすことを試みたという山登りの経験。近代科学の帰納や演繹という方法ではなく、類推と直観に根ざして対象を捉えようとすること。この今西「自然学」は、『生物の世界』において十分に表明されていたのである。

生物と無生物の「あいだ」

分子生物学を専門とする福岡伸一氏の『生物と無生物のあいだ』（講談社現代新書 二〇〇七年）がベストセラーとなり話題になった。「極上の科学ミステリー」と帯文にあるように、科学の専門知識がなくとも通読できる本であり、ワトソンとクリックによるＤＮＡの二重らせん構造の発見（一九五三年）に先立って、遺伝子の秘密を解こうとする科学者たちの格闘が、「科学の発見」をめぐるヒューマンな要素の光と影のドラマも相俟って実に面白い。

しかし、この本の根底にあるのは、著者がいうように「生命とは何か」という根本的なテーマである。そしてウイルスは生物か、という問いである。

《ウイルスは生物と無生物のあいだをたゆたう何者かである。もし生命を「自己複製するもの」と定義するなら、ウイルスはまぎれもなく生命体である。（中略）結論を端的にいえば、私は、ウイルスを生物であるとは定義しない。つまり、生命とは自己複製するシステムである、との定義は不十分だと考えるのである。では、生命の特徴を捉えるには他にいかなる条件設定がありえるのか。

生命の律動？ そう私は先に書いた。このような言葉が喚起するイメージを、ミクロな解像力を保

ったままできるだけ正確に定義づける方法はありえるのか。それを私は探ってみたいのである。》

この「ミクロな解像力」として具体的に試みられた実験の結果が本書の最後に、鮮烈な解答とともに示されている。

あるタンパク質が生命現象においてどのような役割を果たしているかを知るために、そのタンパク質が生物に存在しない状態を人工的に作り出し、そのとき生命にどんな不都合が起こるかを調べる実験（遺伝子を人為的に破壊してその波及効果を知るという意味で、「ノックアウト実験」といわれる）を、マウスにたいしてやってみる。つまりDNAの設計図を破壊して、どんな突然変異の状態になるかを調べることで、DNAの脅威となる病気のウイルスや変異原性物質（タバコに含まれるものなど）を突きとめるのが目的である。

こうして作り出されたノックアウトマウスの子が誕生し、その膵臓細胞が「とてつもない膜の異常」を起こしているのを調べる。麻酔をかけ、注意深く膵臓を抽出し、顕微鏡のスライドガラスの上に標本を貼りつかせる。結果は驚くべきものだった。細胞内部には全く異常は認められない。テレビの内部の部品を残らずはずしたにもかかわらず、テレビは正常に映り、画像も乱れていない。それと同じように、必要な細胞が切り取られているのに、遺伝子をノックアウトしたのにマウスの生態に不都合は何も起こらない。

そこで、次に新たな実験が敢行された。マウスのプリオンタンパク質を完全に欠損させるのではなく、その一部を人工的に欠損（三分の一ほど）させ、それを再び個体に戻す（遺伝子ノックイン実験）を試みる。するとその子のマウスは生まれてからしばらくは何事もなかったが、次第に変調をきざし、脳障害を起こし衰弱して死んだ。これはどういうことなのか。

《テレビの回路を構成する素子に関してこのような事態はありうるだろうか。そのピースを取り去ってもテレビはちゃんと映る。けれどもそのピースをすこしだけ壊すとテレビは映らなくなる。こんなことが起こりうるだろうか。普通はこの逆だ。ピースの損傷は、それが部分的であれば何とか画像は多少乱れつつも映るかもしれない。しかしピース全体が欠損してしまえばもはや画像は映らない。／ピースの部分的な欠落のほうが破壊的なダメージをもたらす。むしろ最初からピース全体がないほうがましなのだ。このようなふるまいをするシステムとは一体どのようなものなのだろうか。／そうなのである。やはり、私たちには何か重大な錯誤と見落としがあったのだ。重大な錯誤とは、端的にいえば「生命とは何か」という基本的な問いかけに対する認識の浅はかさである。そして、見落としていたことは「時間」という言葉である。》

ナイーブさは、もちろん「生命とは、テレビのような機械（メカニズム）ではない」ということを忘れていたことだ。そして、生命は受精卵が成立した瞬間から行進が開始され、それは時間の流れとともに進行し、欠落したものがあればそれを補正し動的な平衡状態を導き出す。この平衡系にとって、偶発的なピースの欠落にたいしては、やわらかくリアクションできるが、「人工的な紛(まが)い物」つまり三分の一ほどが欠けたピースまでは予定していない。それを予定していないがために、その場で取り込み平衡は成立したととらえて、組織化は次のステージに進む。しかし、その内部のひずみは気づかれずに時間の経過とともに、より大きな全体へと波及し、やがて平衡に回復不能な致命傷を与える。機械には「時間」はないが、「生物には時間がある」。

《その内部には常に不可逆的な時間の流れがあり、その流れに沿って折りたたまれ、一度、折りたたんだら二度と解くことのできないものとして生物はある。生命とはどのようなものかと問われれば、そう答えることができる。(中略)私たちは遺伝子をひとつ失ったマウスに何事も起こらなかったことに落胆するのではなく、何事も起こらなかったことに驚愕すべきなのである。動的な平衡がもつ、やわらかな適応力となめらかな復元力の大きさにこそ感嘆すべきなのだ。／結局、私たちが明らかにできたことは、生命を機械的に、操作的に扱うことの不可能性だったのである。》

『生物と無生物のあいだ』のこの「結論」は、ミクロな実験と分析と観察の果てに、生命の本質が、不可逆な時間とこの世界という空間のなかに存在している、そのダイナミックな時空間のなかの神秘としてあることを物語っている。

この時空のなかにある生命の力こそは、今西錦司がつとに語ってきたものだ。

『生物の世界』において「世界」と「生命」は、すでに次のような相互的な構造としてとらえられていた。

《われわれがものの世界というときには、とかくこのような抽象化された、形だけの世界あるいは構造だけの世界を考えるけれども、単なるものとして構造だけの生物であるとか、身体だけの生物というようなものが、この具体的なわれわれの世界には存在しないで、生物という以上はかならず構造的即機能的な存在であり、身体的即生命的な存在でなければならないゆえんは、すなわちこの世界が空間的時間的な世界であるからである。あるいは逆にこの世界の生物が構造的即機能的であり、身体的即生命的であるゆえに、それはまたこの空間的即時間的な世界において、よく生物的存在たりうるのであり、かくのごときがゆえに生物はよくこの世界の構成要素たりうるのである。(中略)生物がこの世界に生まれ、この世界とともに生成発展してきたものであるかぎり、それが空間的即時間的なこの世界の構成原理を反映して、構造的即機能的であり、身体的即生命的であるというのが、この世界における生物の唯一の存在様式でなければならぬと考える。》

しかし、今西はこの文章に続いて、さらに一歩踏み込んで驚くべきことをいっている。それはこの世界を形づくっているのは、生物だけではなく、無生物も同じように世界の構成要素であり、してみれば、「無生物といえどもこの世界においては万有流転の除外例とはならない」というのである。

《……私は無生物には無生物的生命を認めて少しもさしつかえないことと思っている。あえて進化の歴史をたどったりしなくとも、今日みるところの生物的生命でさえみなもとは細胞的生命から発展したものではないか。そしてそれが細胞的身体から生物的身体への生成発展に即したものであることを認めざるをえないのではないか。(中略)

……相異に着眼するならば、人間・動物・植物・無生物というごときものはそれぞれ異なったものであろう。しかしまたその共通点に着眼したならば、人間・動物・植物・無生物はすべてこれこの世界の構成要素であり、同じ存立原理によってこの世界に存在するものであるということができる。しからば生命といえどもこれをかならずしも生物に限定して考えねばならない根拠はないのであって、この世界に生命のないものはない、ものの存するところにはかならず生命があるというように考えることによって、この世界を空間的即時間的であり、構造的即機能的であるとともに、それはまた物質的即生命的な世界であるといったように解釈することもできるのであろう。》

今西の視線は、このように生物と無生物の「あいだ」にまで及んでいる。

分子生物学がＤＮＡの二重らせん構造の発見によって、「生命」の秘密を解きあかし、そこから遺伝子の組み換えの工学的技術によって、人間の手によって「生命」を操作することも可能であるという地平まできたが、「生命」を作り出すことはできない。むしろ、人工的な技術による生命への介入は、「構造的即機能的」であり、「身体的即生命的」であり、そして「空間的即時間的」な、この「世界(コスモス)」そのものに取り返しのつかないダメージをもたらすことになるであろう。

今西錦司のいうところの「自然学」とは、すなわちこのコスモスとしての自然を受け入れることである。科学知によって分化され、技術知によって操作されてしまったものを、もう一度「世界の構成要素」のなかで総合する実践知なのである。この実践知こそが、世界を支配し生命を管理することができるというナイーブな、近代的人間の迷妄を醒ましてくれるものなのである。

四　美しき「進化」

「半自然」としての自然観

自然というものをどう捉えるかはそれこそ古代ギリシアの哲学以来の課題であったが、二十一世紀の今日、それは人類の最も重要な問題となっている。自然を部分的なものとして考えるのではなく、あらゆる生物の住むトポス（場所）として全体的に捉え直すことが求められている。

自然を人間から切り離したのは、「我考える故に我あり」という自己意識を近代哲学の出発点としたデカルトの思索によるものといわれるが、今西錦司はむしろ「我感ずる故に我あり」といった「感」のなかに自然を世界そのものとして直観する道を見出そうとした。ドイツ語でUmwelt（ウムヴェルト）という言葉があるが、一般には「環境」と訳されている。またヴェルトは「世界」の意味であり、「周りの世界」というニュアンスを含んでいる。生物と環境はもともと一心同体であるということであり、人間はまさにそのような全体的自然のうちの一員であるのだ。

今西錦司は、アイデンティティ（自己同一性）という言葉を心理学や社会学のそれとは異なり、自己の問題としてではなく、個体同士の間で互いに同じものとして認め合う働きの作用として捉える。それは自己意識よりもより根源的な帰属感情であり、人間が環境全般という場にあって生きる状況であるとする。人間がその個性を発揮して豊かな創造をなすことが、その能力を展開する「場」である全体的自然と深く結びついているという意味である。

こうした考え方は、西洋流に自然を人間に対置したものとして捉えるのではなく、自然と人間が本来的に共棲するということだ。人間的な営みが全く加わっていない「自然」というものではなく、人間と自然がともに織りなしている環境を日本人は「自然」と呼んできた。それが我が国の自然のあり方であると今西は指摘する。

《自然はどこにでもある。どこへ行っても、自然の存在せぬようなところはない。何百万年昔にさかのぼっても、このことに変わりはあるまい。人間などというものは自然にくらべたら、新参者であるにすぎない。いつだって、どこにおいても、自然のほうが先住者なのである。

新しい土地に、生活を求めてたどりついてきた人間にとっては、だから、この先住者の権利を尊重し、自然の恩恵に浴するためには、なるだけそのご機嫌を損じないようにしようという細かい配慮が、たえず払われていたことであったろう。さいわいわが国の自然はいたっておおらかであり、人間がはいってきても、これを追いかえすようなところがなかったから、人間と自然のあいだには、いわばシンビオシス（共棲）といってよいような関係が成立した。

山の中にできたわずかばかりの河岸段丘を開いて、そこに何軒かの家がある。九州あたりでは、あちらに一つこちらに一つと点在した、このような山中の聚落のことを、ハエ（八重）と呼んでいるが、いったいいつごろからこんなところに、住みついたものだろうか。家のまわりだけは、自家用の畑にしてあって、つづく斜面に茶を植え、それからひとむらの竹藪、山裾に沿うては杉の植林もすこしは行なわれているけれども、あとは山また山を越えてどこまでもひろがった樹林の、一様におおいつくすところとなっている。

しかし、その樹林もくわしくみれば、ところどころに焼畑の跡があったり、木を伐りだしたあとが残っていたりする。山村の人たちはまた、蕗つみに、栗ひろいに、茸狩りに、あるいはイノシシのわなを仕掛けに、しょっちゅう出入りしているので、この樹林の中にはかれらによって踏みかためられた、か細い小径が、山のけものたちの通いみちと、微妙な交錯を織りなしていることであろう。そして、ここそが自然と人間のシンビオシスの、開闢以来いまもなお、営みつづけられている舞台なのである。》（「自然と山と」一九七〇年）

こうした自然と人間の「共棲」の場を、今西は「半自然」と呼んだ。それが日本人の生活の営みを作ってきた。しかし戦後の経済の高度成長と地方の都市化の波は、この「半自然」を次々に破壊してきた。人間による自然の改変は事新しいことではないが、かつての人々は自然の恵みを知り、それを尊重し調和を保ちつつ共存してきた。急激な変化を自然に加えれば、人間の側も、よく生きることが困難になる現実感覚をもっていたからだ。

近代のテクノロジーは、そうした調和をはるかに凌駕する自然の「改変」を起こさせた。哲学者のハイデッガーはこの近代テクノロジーの本質を「挑発」という言葉で表現した。それは、自然から資源やエネルギーを無理矢理に引きずり出すことであり、地球という環境からあらゆるものを搾り取ることである、と。機械によって大地は切り裂かれ、化学物質によって土壌は変化させられる。それはただ自然の破壊だけではなく、技術を用いる人間そのものをも「挑発」の対象としてしまう。遺伝子の操作による生命のコントロールなどはその最たるものであろう。またそれは人間の魂の領域にまで決定的な改変をもたらさずにはおかない。今西錦司はこの「改変」の大きさとその速度に対して繰り返し警鐘を発し、次のようにいっている。

《大量生産の時代は、また大量殺戮の時代でもある。そして、大量殺戮にあっているのは、イナゴや、カゲロウや、ハグロトンボや、山に生えたブナの木ばかりではない。かれらとともに、山の神、森の神、川の神が、姿を消してゆくことを、どうしようもない。われらの国土とわれらの先祖を、

とにかくいままで守護してきたであろう、これら神々の死をここにみる。》(「自然の挽歌」一九六七年)

この「神々の死」は、戦後の日本の現象だけでなく、明治の近代化、文明開化以来の問題であることはいうまでもない。「自然の開発」という近代的発想が自然を物質と捉え、人間の対立物と考え、それを人間の力で制御するとの発想によるものであれば、自然破壊に対して自然を保護せよ、との主張もまた逆な立場での、自然に対する人間の優位性によっていることはあきらかである。

人間は大いなる自然に帰属しているものであり、生命の進化の過程のなかで誕生してきたものであることを改めて知らなければならない。今西の進化論の根本的発想がダーウィンの進化論のような自然淘汰説、生存競争を通しての適者生存の考え方を退けるのも、人間という生物が長いながい進化の過程を経たうえでのひとつの歴史的な産物であるという視点に立っているからだ。その進化の歴史を形成してきた最も大事なものは「突然変異」といった改変の急進主義ではなく、生物がゆるやかな主体性と方向性をもって漸進的に変化してきたことである。

歴史と進化

今西錦司の『生物の世界』は一九四一年に刊行されているが、その第五章は「歴史について」と題されており、この本が刊行されたときの序文では「前から私の社会論の延長として、一度書いてみたいと思っていた」と記している。ここには今西錦司という思想家のエッセンスがあるとともに、その進化論の原型ともいえるものが一望できるように思われる。それは次のような文章のなかによく表れている。

《いうまでもなく進化論で問題になる変異は遺伝的な変異である。このような変異が悠久なる世代を通して、何千年何万年、ないしは何百万年の間に蓄積されて、自然生活を営む動植物といえども次第に変わって行くという一般論はだれだって否定すまい。これを否定することは進化の否定でしかないから。しかしその変異ははたしてダーウィンが飼育生物に認めたようなでたらめな、気紛れな、無方向な変異であるだろうか。もしくはあってよいだろうか。この気紛れな無方向な変異の中から、人間は自分の気に入ったものを残し、気に入らないものを抹殺して行った。そうして自分の望むような飼育生物を人間がつくって行ったことを人為淘汰というのである。自然状態においてもこれと同じように、気紛れな無方向な変異の中で、生存競争という篩（ふるい）をかけることによって適者は残るが不適者は残りえない。だから次第に適者の子孫のみが栄えるようになるというのが、自然淘汰説であって、もともと人為淘汰によって示唆され、人為を自然に置きかえたものにすぎないと思われるにもかかわらず、進化学説としてそれはついに一世を風靡するまでにいたった。しかし自然における変異ははたして気紛れな無方向なものであるだろうか。もしくはあってよいだろうか。もちろん気紛れとか無方向とかいっても、人間の子供に魚が生まれたり、魚の子供に人間が生まれたりはしない。つまり瓜の蔓には茄子はならない。親の身体はどこまでも作られたもの、過去のものとして、作るもの、未来のものとしての子供の身体を限定している。かかる限定の範囲内における三六〇度の変異可能性を無方向といっているのである。》(「歴史について」『生物の世界』)

「自然における変異ははたして気紛れな無方向なものであるだろうか。もしくはあってよいだろうか」という一文の、「もしくはあってよいだろうか」という言葉に今西錦司の自然観・生物観・人間観そして歴史観が凝縮しているのではないか。

それは人間の意識と力によって、自然を作り替えることがあってはならないという思いであり、「人為」の限界というものを考えなければ、歴史の真のすがたは見えてこないという考え方ではないか。さらにいえば、この世界は決して無方向で無目的な時間の流れによって作られているのではないという秩序感覚をそこに見出すことができる。「歴史について」のなかでは、「環境に淘汰されていわゆる優勝劣敗の優者しか残りえないものとするならば、生物のやっていることは創造ではなくて投機である」と書いているが、今西にとって生物の世界は、環境との間におけるよりよい「秩序」の創造として捉えられていた。「投機」は、生物を無秩序な欲求の存在として考えることでしかなく、それはただ生きるための機械として見ることになる。

生物の指導原理は「生きる」という欲求であり本能であるといえるが、しかしそのような解釈だけでは、生物のあらわす生活を全て解釈できないと今西はいっている。むしろ生物は「ただたんに生きんがためということをもってしてはどうしても解釈できない一面がある」とする。

《その一面とは生物が意図するとしないとを別として生物が次第に美しくなって行った、よく引き合いに出される例でいえば、中生代の海にすんだアンモン貝の貝殻に刻まれた彫刻が、時代を経て種が生長するにしたがい次第に緻密に繊細になって行ったというが、そこにいわば生物の世界における芸術といったようなものが考えられはしないであろうか。もちろんわれわれ人間の場合と同じではないが、そこにいわば生物の世界における文化といったものがあるのではなかろうか。》

実験生物学の進歩によって分子生物学という新しい科学が誕生したが、それは遺伝子レベルでの突然変異、すなわち「偶発的」かつ「無方向的」なものであるという一点に還元することで宇宙には目的もなければ神も存在しないという結論に至った。フランスの分子生物学者で日本でも話題になった『偶然と必然』（原著は一九七〇年）の著者であるジャック・モノーは目的論的な歴史観やその思考を否定し、進化とは生物の保存機構の「不完全さそのものに根差している」のであり、生物の「主体性」や「目的追求性」はそこで完全に否定される。進化の目的論的な概念は人間の幻想であるというのである。かくして人間は、自らの完全な孤独を発見し、目的地なき宇宙の淵にいるだけであるという。

《人間はついに、自分がかつてそのなかから偶然によって出現してきた〈宇宙〉という無関心な果てしない広がりのなかでただひとりで生きているのを知っている。彼の運命も彼の義務もどこにも書かれてはいない。彼は独力で〈王国〉と暗黒の奈落とのいずれかを選ばねばならない。》（渡辺格・村上光彦訳　みすず書房　一九七二年）

これが二十世紀の分子生物学者の「哲学」であるが、このような主張がその専門的な分野を超えて思想界に反響を呼んだのは、サルトルなどの実存主義や一九六〇年代以降の構造主義やポストモダニズム思想の流行もあった。歴史に「意味と目標」を求めようとするヘーゲルの歴史学や、マルクス主義に代わるものとしてのこうした思想は、主体性の否定、中心の喪失、根柢の不在、つまりは絶対者なきところでの相対主義の思潮であった。今西錦司のその進化論と自然学は、デカルトからダーウィンに至る西洋の近代的思想だけでなく、ここ半世紀のこうした思想的ムーブメントとも真っ向から対立する。分子生物学の圧倒的影響を受けた現代の科学者などが今西学に対して当惑の表情を表し、それをアナクロニズムと決めつけるのも、こうした現代思想の流れがあるからだろう。

しかしこのような思想の流れに対して、今日ではまた新たな批判的提言がなされている。つまりモノーのいうような「偶発性」と「無方向性」が生命の本質であるという考え方も、またひとつの近代科学の〝神話〟であるとの反省から出てきたものだ。

たとえば素粒子理論の研究者であり、英国国教会の神学者であるジョン・ポーキングホーンは、科学と神学の境界領域にあって、聖書的な創造論を科学的探究のアプローチのなかで捉え直す。それは科学の理解がおよばないところで「神」を持ち出すということではない。むしろ科学の「行き過ぎた客観主義」を乗り越えていく方向なのである。

『科学時代の知と信』（原著は一九九八年）のなかでポーキングホーンは次のようにいっている。

《私にとって、神の信ずることとの根本的な意味は、宇宙の歴史の背後に一つの精神と一つの目的があること、そして、宇宙の歴史の中にその隠された存在をほのめかす一者が存在し、それが礼拝の対象となるものであり、かつ、私たちの希望の基であるということである。》（稲垣久和・濱崎雅孝訳　岩波書店　一九九九年）

神学と科学は二十世紀の対立と齟齬を乗り越えて、二十一世紀に新たな対話の可能性を開いている。今や目的論的な宇宙観・世界観・生命観は物理世界の探究と宇宙の歴史（ビックバン理論やインフレーション宇宙モデル）を考えるとき欠くべからざるものとなっている。

大東亜戦争がはじまる年、今から八十年前に今西錦司によって書かれた『生物の世界』は、この百年以上にわたる近代科学と現代生物学の潮流をはるかに乗り越えて、今日の最もアクチュアルな問題意識へと直結しているのだ。

秩序としての「自由」

フリードリッヒ・フォン・ハイエクという経済社会学者がいる。社会主義や全体主義の体制を批判し、自由主義経済のあり方を肯定した論者として、今日のいわゆる市場自由主義や規制緩和の経済思想の原点のように見られている。それは「自由」の称揚であるといってよいが、しかし大切なのは、市場の機構も「自生的」に生長してきた慣習的な秩序であるという根本の上にその議論が展開されているということである。

その著作『感覚秩序』（一九五二年）では、「個人」という存在について、それを個々の欲望や衝動に還元するのではなく、他者との関係における感覚を構造化しているものとして捉える。それは人間の個人をアトミズム（要素論）として見るのではなく、ホーリズム（全体論）として認識することである。

経済活動は「市場の自由にまかせよ」といった市場主義者や競争主義者、弱肉強食の原理を主張したのではなく、「自由な市場」は「自生的秩序」によって形成されるということを肝心なことがらとしていたのである。それは現代のグローバリズムの金融経済のような「自生」主義とは全く異なるものである。

その意味で、ハイエクは「保守」主義者であると西部邁は指摘している。

《今風にいうと、メガ・コンペティション（壮烈なせめぎ合い）などはハイエクの念頭にはなかったのだ。たしかに穏やかにしか変化しない状態にあっては、コスモス、オーガニズム、ローといった類いの自生的秩序が社会をおおよそ均衡へと運んでくれる。そして、その均衡点の穏やかな移動ぶりをさして「進化」とよぶこともできる。タキシス、オーガニゼーション、テシス（立法による法）などの設計作業も、そしてそこで権力を作動させることも、静態あるいは恒常の状態の近傍では不必要であるのみならず有害である。》（『思想の英雄たち』文藝春秋　一九九六年）

もちろん、現代の市場経済はＩＴ革命やその技術革新によって「静態あるいは恒常の状態」の「市場」を破壊しつくすような事態になっているのであれば、「自生的秩序」がどれほどの現実的価値と意味を持ちうるかははなはだ不安定であるといわざるをえない。

ハイエクのことを持ちだしたのは他でもない、今西錦司の進化論はこれまで見てきたように、「生物界の保守的構造」を大きな前提として思考されているのであり、それが自然学というホーリズムの視点によって捉えられているからだ。つまり、ハイエク的な市場経済における「自生的秩序」は、西洋のダーウィニズムの「進化論」ではなく、今西的な生物のコスモス（秩序・宇宙）の生成としての「進化論」にむしろ重ね合わせることができるのである。

分子生物学の遺伝子レベルでの突然変異の「偶発性」や「無目的性」を、比喩的に二十一世紀の世界経済を混乱と恐慌の淵に立たせているメガ・コンペティションとしての市場原理主義というならば、今西の自然学は、秩序としての生物の「自由」とその進化の目的論的な「美」を本質としている点において、真にコスモスの構造をこの自然世界のなかに見出そうとしているのである。それは遺伝子を人為的に、人間の力によって組み換え、「生命」すらもコントロールしようとする現代の人間中心主義（それもまた「市場」主義と対になっている）への根底的な批判と反省をもたらさずにはおかないのである。

今西はホーリストとしての自分の学問をこう語っている。

《いまごろはライフサイエンスなどという言葉とともに、生物学もようやく見直されつつあるが、しかし、遺伝子であるとかDNAであるとかいった極微の世界を通じて、どんな自然観が生まれてくるのか。世の中には一生実験服をまとうて、実験室外に出たことのない人もいる。動物や植物の自然のままな姿など一度も見たことのない高名な学者もいることだろう。そんな人たちのもっている自然観と、生涯をフィールド（自然）の中でくらしてきた私のようなものの自然観とが、いっしょにされてたまるか、という気持ちはいまでも〝底流〟かどうかしらぬが、どこかにくすぶっている。自然科学などなくたって自然は存在する。自然科学なんてえらそうな顔をしても、自然の一部しか知ることができない。自然を細分して、その分野の専門家になったところで、それは部分自然の専門家にすぎない。部分自然の他に全体自然があるということを、学校教育では教えてくれない。私に全体自然があるということを教えてくれたのは、山と探検であった。》（「自然学の提唱」）

「自然科学などなくたって自然は存在する。自然科学なんてえらそうな顔をしても、自然の一部しか知ることができない」。今西のこの強い言葉は、たんに自然という大いなるものにたいする謙虚さから出ているのではない。「一生実験服をまとうて、実験室外に出たことのない人もいる」ような〝科学者〟がとんでもない危険なところへと入り込んでいくことへの批判があったからだろう。

「私の学問観」（一九八二年）という短い講演（『自然学の提唱』所収）のなかで、今西は自分の学問の分類について、次のような図から説明している。

「科学」の流行ということをいいながら、左側の「フィジック」からの系列がいかにも科学的な手法であると見られているが、自分は野外に出て直（じか）に自然と交渉してきたから「自然像ではなく自然

フィジックス――――	メタフィジックス
自然科学――――	形而上学
還元論的立場――――	全体論的立場
因果的解明法――――	類推 的解明法
プロセスを分析――――	コースを 直観
テクノロジーと直結――――	世界観の把握

（今西、1979『自然学の提唱』所収）

観です」といい、「自然観というのは私の学問の分類でいえばメタフィジックスです。全体論的立場からとらえた自然なのですね」と語っている。

つまり、「フィジックス」と「メタフィジックス」の交流のなかに、今西「自然学」は形成されていったのであり、カゲロウの研究からの「棲み分け理論」も「個体」を包含した「種社会」の発想もひとつの大きな「生物全体社会」の存在として確定されていったのである。

《私は山というものを通して自然をつかんできたので、自分の目に見えなくても種社会とか、生物全体社会とかの存在がよくわかるんです。ところでみなさんは、どうして実在しているものがわからんかといいますと、じつは方法論の貧困ということなのですね。これは帰納や演繹ではなくて、類推によってわかることなのです。》

方法としての「類推」。そして「直観」。まさしく「我感ずる故に我あり」こそ今西錦司の自然と世界への向き合い方であった。このことは科学的な分析や方法（図でいえば「還元論的立場」「因果的解明法」「プロセスを分析」）を度外視することではむろんない。「全体自然」の姿を見失うとき、細分化した「科学」は「テクノロジーと直結」するが、その直結によって人間と自然と環境にたいする「挑発」は止めることができなくなる。テクノロジーは、人間の業として自然を強要し破壊し、自分たちの役だつものとして用いようとする。その結果はすでに地球の生態論的な危機として現われている。それは近代の技術の応用としての機械や器具のせいではなく、「人間」そのものの在り方の問題となる。

今西は生物社会へと注いでいた眼差しを、そこで「人間」へともう一度差し戻していく。今西「進化論」はその地平から、「生物的自然」という世界観のなかに「人間の前身」というものを射程に入れていくのである。

五　ヒューマニズムへの懐疑

ウメサオ効果

二〇一一年三月に国立民族学博物館で「ウメサオタダオ展」が開催され話題となった。ウメサオタダオとは、いうまでもなく比較文明学という日本において前人未踏の知の領域を切り拓いた京都大学教授、そして国立民族学博物館の初代館長を歴任した梅棹忠夫（一九二〇〜二〇一〇年）である。知の領域といっても、それは世界各地の探検やフィールドワークによって、身体というフィルターを通して対象世界をとらえようとした方法論を前提としている。

『文明の生態史観』（一九五七年）では、ユーラシア大陸の東と西に遠く離れた日本と西ヨーロッパの、その文明の平行現象を説いてみせて人々を驚かしめた。

日本が明治の開国以来、近代西洋文明を受けいれて「近代化」を果してきたという、そうした近代の歴史主義の考え方をひっくり返すものであった。それは西洋と東洋（日本）という常識的な対立図式からはるかに飛翔したところで、時間と空間を交差させる自在な発想の所産であった。

《わたしは、明治維新以来の日本の近代文明と、西欧近代文明との関係を、一種の平行進化とみている。はじめのうちは、日本はたちおくれたのだから仕かたがない。そうとう大量の西欧的要素を日本にもってきて、だいたいのデザインをくみたてた。あとは運転がはじまる。ただ西欧から、ものをもってくればよい、というのではなかったはずだ。》

「日本文明クジラ論」という、鯨は一見すれば海を泳ぐ巨大な魚であるが、その実際は哺乳動物である。つまり日本は漢字や仏教の影響を受けた東アジア文明のなかにあるといわれてきたが、その内実を見ていくとヨーロッパ文明の持っているものにきわめて似ているという見方である。「一種の平行進化」として、近代日本と西欧近代文明を捉える視点である。

こうした発想を可能にしたのは、たんに先入観にとらわれない自由な発想というものではなく、生態学という用語にふくまれている要素が大切な作用となっている。すなわち、「文明」を構造や機能、いいかえればシステムとデザインとして見ることで、その全体を捉えることである。梅棹は数学や物理学、工学などの世界のモデルを形成する思考に重ねて次のようにいう。

《……諸文明のあいだには、さまざまな平行現象があり、類似現象があります。それらの現象を指摘し、その異同をあきらかにすることであります。そしてそれを、もっとも簡潔でうつくしい形のモデルで表現することであります。これは、べつにめずらしい方法でもなんでもなく、一般の科学がいずれも採用している方法であります。》（「比較文明論の課題」）

ここで「簡潔でうつくしい形のモデル」という言い方が使われていることに注目したい。アフガニスタンやパキスタンなどのイスラーム教の国をめぐる旅は、梅棹の「文明」論に大きな影響を与えたが、彼はそのモスクやインドの寺院などの建物にあまり心をひかれなかったという。日本美術の伝統からすれば、このアジアの地域には、「美をそだてるためのなにものかが、欠けているのであろうか」という思いにとらわれたという。

《まったく、わたしたち日本人は、なんでもかんでも、美の尺度ではかろうとしていることがおおいのではないだろうか。あるいは、芸術的感動をもって行動の原動力としていることがおおいのではないだろうか。すくなくとも、美をともなわぬ宗教的体験なんて、わたしたちにはかんがえられない。日本では、科学さえも、一種の美的体験としてうけとめられているとおもわれるふしがある。数学者や科学者たちも、単なる理論の追求というよりも、理論のうつくしさを追求していることがおおいのではないだろうか。日本人にとって、科学さえも一種の芸術なのである。》（「東と西のあいだ」）

「美」というと何か情緒的なものを連想しがちであるが、それは決して人間的な感情や情緒ではなく、「理論のうつくしさ」である。秩序（コスモス）が形成する世界の「うつくしさ」であり、無秩序な無目的なものではなく、一見すれば複雑でカオス（混沌）のようにしか見えないもののなかに、ひとつのシステムを見出すことができる発見の瞬間である。

そして、そのような発見をもたらす方法として重要なのがアナロジー（類推）の活用である。文化の現象を、数学や工学のモデルからのアナロジーとしてとらえ、世界文明の諸相をまさに生態学のアナロジーとして描き出す。そのダイナミックな思考と類推こそが、専門分化された学問領域が見えにくくしている事柄の連関の驚くべき神秘的な構造を浮かびあがらせる。

ウメサオタダオが今日あらためて注目され、人々の関心を呼んでいるのはこうしてみればすでにあきらかだろう。それは文明社会のデッド・ロックとも危機ともいわれるなかで、科学があまりに専門分化してしまっている現状にたいして、知の理性中心主義、合理的思考から解き放たれたウメサオ式の知的好奇心に充ちた、自在な（「こざね」と呼ばれたメモ群の組み合わせから生れる論理）英知こそが求められているからであろう。

「人間の店じまいや……」

二〇一二年一月に、『梅棹忠夫の「人類の未来」』という本が刊行された（勉誠出版）。同書の編者である小長谷有紀氏（国立民族学博物館教授）は、河出書房新社の『世界の歴史』シリーズ全二十五巻の最終巻として構想されていた梅棹忠夫の未完の著『人類の未来』のアクチュアリティを説いている。その目次案はほぼ完全に出来あがっており、原子力の灯が賛美された一九七〇年という（大阪万博の年）時代に、科学技術がもたらすであろう困難な課題に立ち向かおうとしていたこの本が刊行されていれば、という想像は刺激的である。

この『世界の歴史』シリーズの第一巻が今西錦司の筆になる『人類の誕生』であった。一九六八年三月に刊行されたこの第一巻は初版二十五万部でベストセラーになる。しかしその直後に、河出書房は不渡りをだし倒産してしまい、梅棹の『人類の未来』は幻の書となったのである。

今西錦司を巻頭にして、最後は梅棹忠夫の『人類の未来』で閉じられる。このシリーズが完結していたらと思うとたしかにワクワクする。

今回の本には描かれるはずであった〈人類の未来〉を想定させる当時の資料や対談が載っているが、大阪市立大学の吉良竜夫氏（生態学）との対話のなかに、梅棹の大変に印象に残る発言がある。地球の未来を考え、テクノロジーの進歩がもたらす生態論的な危機状況について両者は語り合う。少し長いが同書よりそのまま引用する。

《吉良　……いまの技術の進んでいる方向はまちがっていると思う。ごみを減らす方向に技術を進歩させなければいかん。それはいまの技術でもってできないことではないんですよ。たとえばビニール公害というのがあるそうだけれども、あんな安定をきわめたものをたくさん使うというのはおかしい。たとえば二十年、三十年のオーダーくらいまでもっていけばバクテリヤが処理してくれるくらいの物質を使うということが、ぼくは不可能じゃないと思う。鉄の缶なんかましなほうで、そのうちにさびてなくなるけれども、缶の山になるのをなげくまえに、缶の山にならぬようなものができるんじゃないか。つくればつくれる。キャラメルの箱だって、一年ぐらいたったらなくなるというようなものをつくれぬことはないでしょう。

梅棹　ソフトクリームの外側みたいに、あれはムシャムシャと食べてしまえる。あれを使ったらいちばんいいな(笑)。

吉良　食べてしまうというのはどうかしらぬけれども、とにかく消えてなくなるものにする。あるいはゴミの部分を最少にすることはできるはずだ。ポンポンぜいたくに使って、物の節約という概念がほとんどなくなってしまった。個人の道徳としての節約というものは消滅しているけれども、国あるいは世界のレベルでの節約の精神というのはなくなったら困るので、むしろ個人の節約の精神を、国なり世界なりが肩がわりするというのがほんとうじゃないか。

梅棹　どんどん物を消費せよ、しかし、カスは、だすな。

（中略）

吉良　ごみを宇宙空間へ捨てにいかれたら困るなあ。

梅棹　それは考えられないことではないね。

吉良　つまり、ひじょうに濃縮された放射性の廃棄物は、少しお金をかけても宇宙へほうり出すということはあり得る。それは海の底は困る。

梅棹　宇宙へほうり出したらどうなるかな。それでしまいや。宇宙全体のシステム工学ということは、これは考えられぬな。人智では（笑）。

吉良　地球の上をまわっているんだったらぐあい悪いけれども、地球をまわらない太陽軌道のほうへ乗せてしまったらそれでいい。しかし、そんなことに責任もたぬほうがいいだろうな（笑）。

梅棹　そこから先は小松左京の領域や。最後の裁判にかけて、人間がやられる話があるわな。宇宙規模の罪悪になって、人間が最後の裁判にかけられる。宇宙小説というのはおもしろいわ。奇想天外というか、ありとあらゆる可能性を一つずつあたっているという感じだね。

吉良　つまり、地球規模で一ぺん審判されんといかんということを言ってるわけですね。

梅棹　一方ではね、やったらいかんとか、これ以上やってもいいという判断の基準になっているものは、何かということね、たとえば人口は十分の一になってもよろしい、ということであれば、またかわってくる。人間は一人も死なずにやっていこうという前提が正しいかどうか。

（中略）

根本的に、ヒューマニズムそのものに対して、うたがいをもっている。それが、何からでてきたかということですね。そしてどうなるのか、気味わるい。口ではみな、大変な人間主義をいうけれど、その根底にあるものは、おそろしく非人間主義だと思う。ヒューマニズムというのは、どうも時代にアダプトしていない。

吉良　アダプトするためには、クライシスが必要であるかも知れん。ぼく自身は、何か環境的な危機がくるのではないかと思う。一度は克服できるような危機がきて、人間はそういうところで、一度はスウィングバックする。楽観的に考えればそう思う。

梅棹　人間の店じまいや。企業の間口をせまくして、従業員をへらして、資本金をへらして生きのびることも可能や。

吉良　人間がプリミティヴな段階にもどることは、不可能なことではない。

梅棹　もどっても、二〇〇〇年くらいすればまた元どおりになるんやから、一度もどったらいいやないか。

吉良　推理作家なんかもそんなことを考えている。SF的思考も必要なんや。まあ、この本は、今までいってきたようなことを全部あつかったあげくに、最後にそういう問題を提出してつっぱなすということができれば、たいしたことやね。

梅棹　うん、そうや。

吉良　それはたいへんみごとなことや。》

『世界の歴史』シリーズの最後に『人類の未来』という巻が置かれるという発想そのものが画期的かつ大切であり、今日の出版文化では残念ながら欠落してしまったものである。梅棹が構想していた「未来学」とは、科学の進歩や可能性のひたすらの拡大ではなく、むしろその危機と転換としてのクライシスの予見であった。梅棹はその「予見」を共有するために、一九六〇年代後半から林雄二郎（経済企画庁経済研究所長）、川添登（評論家）、加藤秀俊（京都大学助教授）、小松左京（SF作家）らとともに様々な活動をしている。そして梅棹の唯一人の師匠といってよいのが今西錦司であった。

一九七〇年という未だ科学技術の進歩への期待と経済の高度成長神話が生きていた時代に、根本的に「ヒューマニズムをうたがい」そして「人間の店じまいや」というこの梅棹の大胆な発言は、その「未来」が「現在」となっている3・11以後のわれわれに何を問いかけているのか。

ヒューマニズムすなわち人間中心主義の考え方。近代の科学も文明の進化の思想もこのヒューマニズムを出発点としていることはいうまでもない。

まさに今西錦司はこのクリティカルな問題点を『人間以前の社会』（一九五一年）や『人間社会の

形成』（一九六六年）といった代表的著作の根底的なモチーフとしている。この両著は、『生物の世界』をさらに展開深化したものとなっているが、『人間社会の形成』の冒頭で今西は次のようにいっている。

《人間社会の成り立ちを解明するということは、いいかえるならば、人間以前の生物社会が、どのようにして人間社会にかわったか、ということを明らかにすることであります。いままでに人間社会の起源を説明しようとした人は、少ないのでありますが、そのほとんどすべてが、人間の立場にたって、人間社会の起源を説明しようとしている。しかし、こうした説明の根本的な誤りは、人間はどこまでさかのぼっても人間である、と考えて、人間の前身というものをすこしも考慮していない、という点にあるとともに、もう一つの大きな誤りは、まず人間というものがさきに存在していて、つぎにこの人間が人間社会をつくった、という考えに導かれている点にあると思います。》（第一章「群れ社会の成立まで」）

ここでいわれている内実こそ、ウメサオタダオをして「気味わるい」と語らせた、現代文明の不安と危機の正体と重なる。

今西は、ダーウィンの『種の起源』（一八五九年）の出版が、「人間以前の生物社会」への見方を大きく規定し影響を与えていることに改めて注目する。『人間以前の社会』の第一章でエスピナスの『動物の社会』（一八七八年）を、「人間をはなれて、動物にも社会を認め、これについて論じた」古典的著作として挙げている。またエスピナスの仕事に寄与した下級動物から高級動物にいたる「動物の生活」の資料をまとめたブレームの『動物生活誌』（一八六四年）など西洋の生物、動物学の重要な流れを追いながら、その後十九世紀末から二十世紀初頭にかけて巻き起こった生物学の研究史の転換――「擬人主義（アンスロポモーフィズム）の追放」という決定的な出来事に注目する。

「擬人主義」とは、動物も人間と同じように感じたり思ったりするという類推に立脚したものの見方である。それは人間の動物の見方としては古くから自然に行なわれていたといってよい。

《本格的なアニミズムやトーテミズムは、しばらくおくとしても、動物の恩がえしや、かたき討ちを題材にとった、いわゆる動物説話のたぐいなら、どこの国にもあったであろう。動物だって、人間と同じように、喜怒哀楽をあらわす。動物だって、心があり、霊魂があると考えたほうが、デカルトのように、動物をたんなる自動機械と考えるよりは、たしかに人情味があるにちがいない。

それゆえ、人間と動物とのちがいを、本質的なちがいでなくて、程度のちがいであるにすぎない、と喝破した進化論が、あんなに早くうけ入れられ、またひろがったのは、もちろんダーウィンの手がたい、粘りづよい論証にもよることであるけれども、一方からいえば、こういう伝統的な、擬人的な考え方が、下地にあったからだ、ともいえよう。とにかく、進化論の出現は、われわれの中に潜在していた擬人主義を、呼び醒ますという副作用をもっていた。》（『人間以前の社会』）

しかし科学研究の進展とともに、このような「擬人主義」は、どこまでが客観的な事実でどこからが観察者の主観的解釈（空想や独断をまじえた）か判然とせず、科学的な根拠がないと批判されることになった。ブレームの『動物生活誌』などの観察に基づくナチュラル・ヒストリーも擬人主義の嫌疑を受けて学問的な世界から追放される。エスピナスの学説も同じような運命を辿る。

《擬人主義の追放がもたらした、エスピナスの不幸には、しかし、もっと深い、本質的なものがあった。それはなにか。それは、この追放を断行した革命の勝利者たちの眼に、動物に社会を認めたり、その社会生活を論じたりすることも、また一つの明瞭な擬人主義として、映っていたということである。動物にも、われわれ人間のごとき精神があるかないか、といったような思弁は、自然科学としての動物学にとっては、一顧の価値もない、と考えるこの人たちの立場からすれば、動物にも社会があるかないか、と問うことは、これと同じように、自然科学者には無用な思弁でなければならなかったであろう。》

「革命の勝利者たち」とは、自然のただ中に入り込み、生物の生態を直に観察したり、観察者の身体や感性によってその対象に接するナチュラリストを「非科学」として否定するアカデミズムの人々のことである。

《追放以後の学問の動きは、ナチュラリストの勢力が衰え、これに反して大学が完全に指導権を握ったことと相まって、こうした考えの下に、大学の実験室を中心として、着々進められていったから、生理学や心理学の研究は大いに興ったけれども、大学内に足場をもたない社会学は、せっかくエスピナスが種をまいてくれたにもかかわらず、こういう情勢のもとでは、とうていそれ自身が独立した学問として、芽をのばしてゆくわけには、ゆかなかったのである。》（前掲書）

この「社会学」は、しかし自然現象に対する人間現象として、文化・歴史・社会を取りあげて研究対象とする文化科学は、社会科学へと一方で進展していくが、それはあくまでも「人間」を基盤とし特徴とするという方向に固定化されていく。

今西が『人間以前の社会』である意味、猛然と批判し反発するのは、この「人間」をあたかも生物の最高なる地位として、自然や他の生物、動物を見ようとする近代的な科学イデオロギーの倨傲さなのだ。梅棹の先ほどの対談の言葉をくりかえせば、人間主義の根底にある「おそろしく非人間主義」なものである。

《擬人主義を追放した自然科学者たちは、動物にも社会が認められるということを、かならずしも否定はしなかった。かれらは、認められようと認められまいと、そんなことはかれらの学問にかかわりのないことだ、という態度をとったのである。しかるに文化科学者のほうでは、はっきり、動物に社会を認めないという。動物における社会の否定である。これが、行きすぎた独断であることは、さきに述べたところから明らかであり、かかる独断を冒してまで、学問の領域を主張し、そのコムパートメンタリズムを助長しなければならないものかどうかに、疑問があるけれども、人間には万物の霊長だというプライドがある。人間も動物も、ひとつづきのものだということを認めていても、人間はこういうところで動物とちがうのだ、ここに人間と動物とを区別する、はっきりした一線があるのだといわれてみると、なるほどそうかとついさもしい自己満足におちいってしまうのである。そして、そういうことをいう学者の中にも、自分のやっている学問は、人間でなければ認められないようなことを対象にしているのだから、それだけすぐれた学問なんだ、と思いこんでいるおろか者がいるかもしれないが、聞かされるほうにしても、そうすると、文化科学のほうが、自然科学よりも高尚な、より高級な、学問でなかろうか、といった錯覚をおこすようになる。

文化科学が、わざわざこういう謀略をつかったとも思われぬが、結果だけみれば文化科学が得をして、これと相対的に、自然科学のほうは、どこかで損をしたことになるかもしれない。少なくとも、この宣伝戦に、「社会」もその標語の一つとしてえらばれ、知識大衆のあいだに、動物には文化・歴史とともに社会もまた認められないという考えを、植えつけることに、ある程度まで成功した——わが国の哲学者には、いまでもそういう公式的な考えに縛られているものが多い——とすれば、それは、動物社会学の発達のために、マイナスにははたらいても、けっしてプラスとしては、はたらかなかったであろう、といえるのである。》

自然科学の問題点を歴史的に批判しつつ、「文化科学」——それは社会学から哲学までの幅広い領域をふくむが故に、より深刻な問題として捉えられなければならないという今西の主張は、今日なお聴くべきものであり、いや今日こそ必要な学問論であろう。

《文化科学者のとった態度は、一種の人間中心主義で、人間の地位を高めるために、動物から人間を切りはなし、人間自身を持ちあげたのであるが、自然科学者のやった擬人主義の追放は、むしろ、動物自身の能力に対する評価の切り下げであった。しかし結果は、ともに、人間と動物とのあいだに渡されるべき橋の存在を、無視したことになる。その橋とは、いうまでもなく、トリ・ケモノであり、その中でもとくにサルでなければならない。》

『人間以前の社会』は、したがって第二章「人間社会に近接した社会」として「サルの社会」、第三章「人間社会から遠い社会」として「一般下級動物の社会」、第四章「人間以前の家族」として「昆虫の社会に家族が現われるまで」、第五章「人間以前の家族（つづき）」として「哺乳類の社会に人間の家族が現われるまで」と、これまでにないスケールをもって展開される。アリやハチの生態から、トリやケモノの生活、そしてサルの群れから人間の家族へと生物史、動物史、類人猿をつらぬく生命としての「進化」とその「社会」形成の在り様が描き出されるのである。もちろんこうした今西の広大無比なナチュラル・ヒストリーは彼一人の独創や観察体験に基づくものではなく、今西錦司という希有なリーダーのもとに集合した多くの研究者や仲間たちとの共同研究の成果であったのはいうまでもない。京大霊長学研究グループによるニホンザル調査や、京大アフリカ類人猿調査隊によるアフリカへの遠征などをはじめとしたいくつものグループや研究チームが、今西という類まれなる天性のリーダーシップによって達成したものであった。

『人間社会の形成』で今西が説いた「社会はすべての生物に存在する」という根本的な見解、その生物世界の「汎社会論」は日本人が生み出したきわめて貴重な現代社会への警鐘であった。

《……私は、あらゆる生物に、もうすこしくわしくいうなら、あらゆる生物の種（スペシース）に、社会を認めるものであります。社会とはこのように普遍的な存在であって、人間社会というのは、この普遍的な、いわば無数にある社会の中での一つの特異例にすぎない、とみるのであります。そしてこれは、人間中心主義的なものの見方から脱却して、人間も人間社会も、他の生物や生物社会に伍して、それらと同じように進化の産物として、出現するようになったものだ、という見方に立つかぎり、しごく当然な要請であると思われるにもかかわらず、そしてまた私が、三〇年にわたって主張しつづけてきたところであるにもかかわらず、まだ生物学者や人類学者のあいだにさえ、十分普及するにいたっていないのは、はなはだ残念に思うしだいであります。》（『人間社会の形成』）

今日、日本でも家族の解体や先進国としての人口減少の問題などがさかんに議論されている。しかしそれらは「人間社会」だけの課題としてみられており、経済効率や経済成長とだけ結びつけられてしまう。「人間中心主義から脱却せよ」という今西のメッセージに立ち戻ることこそ、今最も大切なことなのではないか。

六　山は自然の最後のとりで

吉本隆明と今西錦司

吉本隆明が二〇一二年三月十六日に亡くなった。八十七歳であった。

戦後日本の文芸・思想界を代表する存在であったことは改めていうまでもないが、その仕事の全体像についての評価は時間が経たないと正確には分からないと思われる。

『現代詩手帖』（二〇一一年五月号）が追悼特集を組み、私も短い一文を寄せたが、吉本に強い影響を受けた全共闘世代から比較的若い世代までの文章を眺めてみても、この思想家の評価はいまだ定まっていない感が強い。

こういうことを書くのは、この本の最初に今西錦司と吉本の対談『ダーウィンを超えて』（朝日出版社　一九七八年）で両者の違いに言及したが、その相違点を改めて思うからである。今西の人類の二足歩行と大脳の発達の有名な説明として、「立つべくして立つ」という見解に対して、吉本はそれを論理的に説明する言葉が必要ではないかと問い、人間と世界の全体を究明することができるという自分の信念を表明していることである。

いま、この対談を改めて読み返してみると、吉本の発言に対して、今西はかなりの部分で違和感を示していることが分かる。エンゲルスの理論などから家族の起源や国家の起源について語る吉本に対して、今西は「なにかひどく観念的に聞こえて、よくわかりませんね」と答えたり、マルクスの考え方の延長上に「国家の消滅」を云々することに対して、次のように返答している。

《国家というものが、最初合意でできたものかどうか、よくわからんが、私は自然発生説をとりたい。すなわち、社会進化の途上で、あるところまできたとき、できるべくしてできたのである。そのうえ、私にいわせたら、進化は後戻りしないで、ある方向に向かい、自己運動をつづけてゆく。だから、マルクスやエンゲルスのように、国家を解体するなどということは、とんでもない間違いであって、革命をやっても国家が残り、ソ連も中国も名前を変えただけで、国家が存続しているのは、あたりまえのことのように思えるのですが……。》

吉本の思想的なインパクトが、戦後のマルクス主義の流行のなかにあったことはいうまでもないが、それは単に左翼思想というレベルではなく、むしろ人間の知と理性によって「世界」を説明していくという広い意味の観念論の力であったのではないか。言い換えれば、それは啓蒙主義以降の近代的人間中心主義であり、カント、ヘーゲル、そしてダーウィン、マルクスへと展開されていく西洋の知の系譜であった。今西は、それに対して「理性万能」主義への疑問を鋭く投げかけたのであり、この点において、吉本との決定的な違いが明らかになっていた。

今西が一貫して問い続けていた自然学とは、西洋近代が生み出した観念論とは根本的に異なるものである。世界と歴史と自然を「進歩」と捉えるのではなく、生ける者の存在する「場所」を如何にして認識し、容認し、保護していくかという個別具体的なテーマであった。それは、人間と生物と自然の共存としての「すみ家」を並行的にトータルに把握する力である。

『ダーウィンを超えて』のなかでの次のような発言は、二十一世紀の今日により深い問いかけとなっているのではないか。

《たとえばあの広大なアマゾン河の森林地帯には、いまでも原始インディオが生活している。もともとそうした原始生活者が、いままで存続していたということは、生物学的にいえば、棲みわけが守られていたからである。しかし、アマゾン流域の森林地帯を国内にもつ南米の諸国は、この森林地帯を開発して、激増しつつある世界人口のための、一大穀倉にしようと目論んでいるかのようです。もちろん政府の役人たちには、原始インディオまで滅ぼしてしまおうという考えは、ないでしょう。しかし、彼らのすみ家である、あの原始のままなアマゾンの熱帯降雨林は、これを滅ぼしてしまおう、と考えているのです。しかし、原始インディオといえども、われわれ人類の一員であることに、変わりはないのですから、もってゆき方一つで、彼らなら文明に適応しうる道が、ないとはいえない。部族をすてても、国民として編成がえされる道がないとはいえない。しかし、われわれと種類を異にした多くの森林動物は、たぶん文明の犠牲となって、絶滅することでしょう。この問題をいま私は、開発かそれとも自然保護かとかいう問題として考えているのではない。世界人口の急増は、現在間違いなく起こりつつある。だからそれに応じて、アマゾンやコンゴの大森林を開発し、食糧を生産するというのなら、ヒューマニティーの立場から、それはたいへん結構なことだといわれるかもしれない。しかし、私の心配するのは、せっかくそれらの大森林を開発しても、人口の増加がやまなかったらどうするのか、ということである。人類の未来として、世界連邦論も結構ではあるけれども、世界じゅうが食糧生産工場になるよりも、適当に自然と人類とが共存していた方が、望ましいと考えるものにとっては、この人口増加の歯どめということを、なんとか考えておかないと、せっかくの人類の未来も、そのために台無しになるのではないか、ということがいっておきたかったのです。》

「自然と人類」との共存という問題は、その根底に降りていけば、「ヒューマニティーの立場」では到底解決がつかなくなっているのであり、今西の問いは常にこの人間中心主義や文明中心主義からの脱却という点に関わっている。

先住者としての自然と山

『自然と山と』と題された今西の著作から、シンビオシス（共棲）という言葉を前に引用したが、このことを観念論ではなく自らの身体を通して言語化し、学問化していったところに、今西錦司の自然学のダイナミズムがある。それは学問的な著作だけではなく、短いエッセイやちょっとした文章のなかに、生き生きと浮かび上がってくる。

「なぜ山に登るか」（『私の自然観』所収）という短文のなかで、近代アルピニズムが山を征服することを目的としているのに対して、山への「帰順・帰依・帰趨」こそ大切なものであるという。

《われわれは、こうした突然の衝撃に出あうと、身をまもるために、その場からいち早くのがれ去るか、または身をもって、このような衝撃をあたえたものを、粉砕してしまおうとするらしい。相手が猛獣ででもあった場合を想像したら、このどちらかをとるより、手がないであろう。しかるに相手というのが、とりとめもない大きな山であってみれば、もはや逃げてもさわいでも仕方がない。そこには降伏の一手しかない。とうてい勝ち味のないような大きなものにたいしては、降伏という

反応を示すということを、われわれはどうやら人間以前の、生物の時代から、受け継いできたようである。》

この文章の最後でいっている「人間以前の、生物の時代から、受け継いできた」ものとしての、大いなる存在に対する反応は、近代的知性が忘れ去って久しいのではないだろうか。かつての山岳信仰がこのような姿勢によって山に登ることを成していたことを思えば、自然と対峙することは、人間にとって何ほどかの宗教的意味を帯びるのは当然であろう。ダーウィニズムがキリスト教世界観からの解放と、主体的人間の自由という観点から「反目的論」となり、その宗教的なるものからの解放自体が、近代科学の勝利であるという価値観を確立したとするならば、今西の学問は、そうした長い「近代」の克服として、いま一度遥かなる「生物の時代」を想起させる方向を示したのだ。

今西の『生物の世界』は昭和十六年に刊行されているが、その三年後に鈴木大拙の『日本的霊性』が出版されている。昭和十九年、戦火の深まりゆくなか、鈴木大拙は日本人の宗教意識の出発点として、鎌倉時代にその本質を見出そうとした。仏教という外来思想は、奈良、平安の時代を経て、鎌倉期の禅と浄土思想によって日本人の魂の深い次元において、自らの霊的思想として自覚されたというのである。

鈴木大拙は明治三（一八七〇）年に石川県金沢市に生まれ、二十四歳の折に鎌倉円覚寺の管長であった釈宗演から「大拙」の居士号を授けられる。その後の生涯は、昭和四十一（一九六六）年九十五歳で亡くなるまで、世界的スケールの仏教学者、宗教学者として活躍する。『日本的霊性』はその代表作として今日も読み継がれている。

《霊性を宗教意識と言ってよい。ただ宗教と言うと、普通一般には誤解を生じ易いのである。日本人は宗教に対してあまり深い了解をもっていないようで、或いは宗教を迷信の又の名のように考えたり、或いは宗教でもなんでもないものを宗教的信仰で裏付けようとしたりしている。それで宗教意識と言わずに霊性と言うのである。が、がんらい宗教なるものは、それに対する意識の喚起せられざる限り、なんだかわからぬものなのである。これは何事についても、然か言われ得ると思われるが、一般意識上の事象なら、なんとかいくらかの推測か想像か同情かが許されよう。ただ宗教については、どうしても霊性とでもいうべきはたらきが出てこないといけないのである、即ち霊性に目覚めることによって初めて宗教がわかる。

霊性と言っても、特別なはたらきをする力か何かがあるわけではないが、それは普通に精神と言っているはたらきと違うものである。精神には倫理性があるが、霊性はそれを超越している。超越は否定の義ではない。精神は分別意識を基礎としているが、霊性は無分別智である。これも分別性を没却了して、それから出てくるという意ではない。精神は、必ずしも思想や論理を媒介としないで、意志と直覚とで邁進することもあるが、そうしてこの点で霊性に似通うところもあるが、しかしながら霊性の直覚力は、精神のよりも高次元のものであると言ってよい。それから精神の意志力は、霊性に裏付けられていることによって初めて自我を超越したものになる。いわゆる精神力なるものだけでは、その中に不純なもの、即ち自我――いろいろの形態をとる自我――の残滓(ざんし)がある。これがある限り、「以和為貴(和(やわら)ぎを以て貴(たっと)しと為(な)す)」の真義に徹し能わぬのである。》(『日本的霊性』岩波文庫　一九七二年)

この著作は、危機のなかにある日本民族に宗教的なるものの真実を覚醒させる意図を持って書かれたのは明らかである。神道と天皇信仰が結びついた国家主義が日本人を覆い尽くしていたときに、このような書物が公にされたことは、きわめて注目すべきことであった。『生物の世界』は、その学問的な領域も、その方法論も全く異にしながら、鈴木大拙が時代に突き付けた根源的な問いと重なるものを持っているのではないか。つまり、西洋近代の科学主義と合理主義と人間中心主義のもとで形成された進化論を、日本人の精神的身体ともいうべきものによって編み直してみせた点において、共通しているのである。

『自然と山と』に収録されている「岩登り」という短文のなかで、今西は鈴鹿山脈の鎌ヶ岳の岩場を登ったときのことを書いている。岩登りの初歩すら会得しておらず、ザイルも手にせず、岸壁の途中で登るに登れないところに出てしまったときの経験をこんな風に回想している。

《そのままでおれば、破滅あるのみである。私はすっかりあわててしまった。臍下丹田というが、このときの私の丹田は、おそらく頭のてっぺんまであがっていたことであろう。／しかるにそのとき、突如として情況が一変したのである。ここのところを表現することは、ひじょうにむつかしい。むつかしいが、いわば急に、五彩の雲にのった如来さまこそ現われなかったけれども、あたり一面に大慈大悲の心が立ちこめ、私自身もまたその中にとけこむことにより、いままでのテンションなどどこかへけし飛んで、私は死生を超越した絶対の境地に、はいることができたのである。／すると、どうだろう。いまのいままでとうてい登れそうになかった岩壁が、登れるように見えだし、私はらくらくとその岩壁を登って、無事に友だちの待っている頂上まで、到達しえたのであった。》

これは決して特別な体験ではなく、大なり小なり山登りを経験している者にとっては自覚できるのではないか。こうした精神的身体のあり方は、自然と対峙し、また自然と共存し、また自然に圧倒されるときにあたかも忽然と現れるかの如き感じがするが、それは生物としての人間の奥底に常に流れている原感覚であろう。鈴木大拙の言葉でいえば、「自我」を超えたまさに「霊性」であろう。

今西の登山歴は、中学生のときに京都の愛宕山に登って以来、国内外の山々を生涯登り続けた。

昭和二十七年、日本山岳会マナスル登山の先発隊長として、ネパール、ヒマラヤを踏査し、チュルーに登頂。昭和四十八年には日本山岳会会長に就任し、八甲田の白地山で七百登山を達成した後も、晩年まで千五百にも及ぶ山を登り続けた（『増補版 今西錦司全集 別巻』には「登頂1552山　山名リスト」が附されている）。

『自然学の展開』（一九八七年）のなかの山登りについての文章（「山はぼくより偉大だった」）のひとつに、次のような印象的なものがある。

《ぼくはもう六十年以上も山に登っている。五十でヒマラヤへも行ったし、六十でキリマンジャロにも登った。しかし年とともに山登りが変わってきたのは事実やな。昔は道のないとこでもどこでも歩かないかん。そうなるとオールラウンドになってきよる。体力も強くなきゃいかんし、岩が出てくりゃ岩登りができなんだらあかんっちゃうことで、まず若いときはオールラウンドというものを目標にしてやっとった。（中略）

「なぜ山に登るのか」と聞かれて、マロリーは「なぜならば、そこに山があるからだ」と答えましたわな。実際のところ、なぜ山に登るのか、と聞かれても困る。

ただ、こんなことがありました。二十歳前後で、山に登り始めて間もない頃やったが、一人っきりで山を歩いていたんですよ。秋の日のつるべ落としというやつで、あっという間に暮れてきた。

ぼくは怖くなって、あわてて尾根にかけあがったな。尾根にあがると、暮れなずむ山々の姿がまだはっきりと見えましてね、山々がいっせいにぼくを見つめているっていう感じがした。そのときだな〝山はおれより偉大だ、おれはとうてい山には勝てん〟と思ったのは。

人間同士だったら、ちょっとくらいえらい人間がいたって、そんなの相対的なえらさでたいしたことないねん。とうてい勝ち味のない存在があるっちゅうことを、ぼくは山で知った。これがぼくにとって生涯の教えとなっているわけや。

山を偉大だと感じた瞬間に、人間はすでに山への帰順、帰依、帰趨といった行動を、現わすような心のかまえに、なっているんですな。山岳信仰というか、いわゆる山岳宗教の成立の基礎もこういうところにあるといえるわな。近ごろ、アルピニズムというと、なんやまるで山岳征服を目的としているかのように、はやしたてる傾向があるけど、英国人をみなさい。エベレスト初登頂にあれだけ苦心して登っていながら、ひと言も征服というような言葉を使ってはいない。人間は、自然の前にもっと謙虚でなきゃいかんとぼくは思うな》（「自然の前には謙虚であれ」）

先住者として存在している山。日本の国土はこの山を多く持っている。その山という巨きな自然を前にして、人間は謙虚になる。今西は、富士山のような天空に聳える山はわが国ではむしろ別格的な存在であるといい、日本人はむしろ樹木に覆われた起伏ある地形を総称して「山」といっている、という。「したがって、その起伏の中を流れる谷川までも一括して、山の中にふくめてしまえば、山とは、すくなくとも現在では、わが国の自然のほとんどを代表するもの、といってもよいことになる。山は自然の最後のとりでなのである」(「自然と山と」)。

この「自然の最後のとりで」は、いまなおわれわれの前に存在し続けている。この「とりで」との対話のなかに、現在の世界を覆い尽くしているかにみえる様々な困難と艱難を乗り越えていく可能性の微光を見出し得るのであり、今西錦司が語り続けた言葉の実質がそこにある。

七　襲撃する自然を知れ

大震災のあとの「言葉」

東日本大震災が発生し犠牲者の数が日々増え続けるなか、二〇一一年の四月から二〇一二年の三月にかけて、朝日新聞で作家の古井由吉と佐伯一麦が連載していた往復書簡が、単行本『言葉の兆し』（朝日新聞出版　二〇一二年七月）にまとめられた。震災後に様々な言論が飛び交ったが、このふたりの作家の言葉は、被災地の現実と大きな喪失感を捉え得たものとして改めて注目したい。古井氏は一九三七年生まれで、一九七一年に「杳子」で芥川賞を受賞後、今日に至るまで日本文学の最高峰を築き続けてきた作家である。また佐伯氏は一九五九年生まれで、若い頃から私小説を書き続けてきた異色の仙台在住の作家である。

古井由吉はこう語る。

《言葉は浮くものです。万をはるかに超える人命をたちまちに奪った大災害をとうてい担いきれるものではない。その重みをまともに抱えこんだら、言葉は深みに沈んだきり、おそらくながく、浮かびあがっても来ない。その静まり返ったものを底に感じながら、人はもどかしく言葉をかわして生きるよりほかにない。》（二〇一一年七月十八日）

一般のジャーナリズムや新聞・テレビで語られた言葉は「重み」どころか、その反対に絶望と喪失の深みを、むしろ掻き消してしまうような軽躁としか言いようのないものであった。福島第一原発の事故は当然のことながら反原発の声をあげさせたが、都会で行われている反原発デモなどは被災地の実情から遊離したエモーショナルなものが多分にあるように思われた。

佐伯一麦はこう記す。

《放射能被曝を心配する住民に、「正しく恐れる」ことが大切だと医師や科学者は言い、その出所は寺田寅彦だという。しかし浅間山の爆発についての随筆の中での寅彦は、「正当にこわがることはなかなかむつかしいことだと思われた」と記している。正しく、ではなく正当に、です。科学者たちの言うニュアンスとは正反対のように私には思えます。》（二〇一一年六月二十七日）

「正しく恐れる」とは放射線の量や被害について客観的なデータに基づいた対応が求められるということだろうが、「正当」とはそのような意味ではない。科学者はあくまでも数値による分析と合理的な判断のことを言いたいのであろうが、寺田寅彦が言わんとする「正当にこわがる」こととは何か。自然が時として人間に対して大いなる脅威となり得るものであり、そのことに対して常に謙虚に受け止めることの「正しさ」のことである。それは数値や統計の問題ではない。歴史のなかで、人間の知恵や計画や想像をはるかに超える出来事が起こり得る、その源泉としての「自然」に向き合うことである。

この佐伯氏の一文に対して、古井氏はこう答えている。

《たしかに、正当にこわがることはむずかしい。これはもう、人知の及ばぬところなのかもしれない。しかしそれ以前に、自身の内をのぞきこんでみるに、以って生まれて備わっているはずの、恐怖心がそれこそ「溶融」しかかっているのではないか。畏怖の前にはまず恐怖があると思われる。そしてこの恐怖の本来は、個別の人間の、個別の事柄へのおそれよりも先に、人知を超える力を目の前にした時に、人を一斉に襲う、ふるえおののき、すくみこみ、そして逃げまどいのことであったらしい。》（二〇一一年七月十八日）

前章で、今西錦司の『自然と山と』に収録されている文章に触れたが、今西にとっての山登りとは、何よりも山への「帰順・帰依・帰趨」の思いを大切にすることであった。これは、ヒマラヤをはじめ、世界各地への冒険を試みた今西のなかに一貫してあったものであろう。それは自然を征服したり支配するのではなく、自然そのものの力を体験するなかで「恐怖」し、その実感のなかから「畏怖」の感情を持つことである。「岩登り」という短い文章を引用したが、はじめて岩場を、道具もなしに遮二無二登ったときの恐怖が、生き生きと描かれていた。

古井氏のいう、人間が自分のなかに「以って生まれて備わっている」恐怖心が「溶融」しかかっているとは、近代化され都会化された生活空間のなかに閉じ込められたわれわれが、自然のありのままの姿にほとんど直接触れ得なくなっているからである。

モンゴルの大自然から

『今西錦司全集』(講談社)の第二巻には、「内蒙古の生物学的調査」、「草原行」、「遊牧論そのほか」というモンゴルへの学術探検をもとにした論稿が収められている。

全集の別巻に収められた年譜によれば、一九四四(昭和十九)年、四十二歳の今西錦司は、四月に蒙古善隣協会の研究機関として「西北研究所」開設のため蒙古張家口へ旅する。さらに内蒙古の草原の調査を行う。年譜には次のように記述されている。「この調査行では、これまでカゲロウの研究では視野に入ってこなかった動物社会の群れの存在を体験的に観察する。また一方では、現地で食糧や物資を調達する方式をとった。」

今西の学問は、この草原のフィールドワークによってさらなる広がりを見せ、昭和十六年に刊行した『生物の世界』から新たな自然学への総合的なアプローチを開始したと思われる。全集第二巻の「解題」を書いている梅棹忠夫は次のように記している。

《……それまで主として登山家として有名であった今西先生が、なぜ山のない大平原のモンゴルにゆかねばならなかったのか。また、農学部昆虫学科の出身であり、当時理学部動物学教室に籍をおいておられた、動物生態学者の今西先生が、なぜモンゴルの草原の植物生態学的研究にあれほどの情熱をもたれたのか。そもそもモンゴルの草原において、今西先生はいったい何をしようとしておられたのか。一連のモンゴル・エクスペディションをつらぬく学問的・思想的・行動的原動力は何であったのか。そしてそれは、その後の先生の学問と思想にどのような影響をあたえることになったのか。これらの問題についてこたえることは、今西錦司という人物を理解するためだけではなく、現代日本文化史のある部分を理解するためにも、たいへん重要な意味をもつものである。》

梅棹忠夫は、この「解題」ではここに記したような問題に触れてはいないが、それは梅棹の文明の生態史観のなかにもかなりの影響を与えていったのではないか。

このモンゴルの草原におけるフィールドワークと遊牧民の生活との関わりのなかからまとめられた『遊牧論そのほか』（一九四八年）の冒頭にある「草原の自然と生活」と題された論稿にここでは注目したい。これは一九四四年すなわち戦争末期に行った講演をもとにしているが、自然と人間の関係を蒙古人の生活形態を通して語った興味深い内容となっている。

今西は、自然とはいかなるものであるかとまず問う。ひとつの考え方は、次のようなものである。それは天体の運行のようにひとつの秩序と体系をもっており、人間の感情などとは関係なく、一見無秩序に見えるようでもその根底にはかならず法則があり、その法則に従って現象が生起している。自然科学者はこの法則を発見することを目標とする。こういう自然の考え方の大きな特色は、自然が自然である所以が、「超自然的」でないということである。たとえば、日食や月食は一定の原理に従って起こる天体現象であるから、未開社会で見られるように、これを異常な現象、つまり「超自然的」なものとは考えない。病気や死もまた「一種の自然現象」と考える。

しかし、蒙古人の生活や習慣を通してその自然の考え方を探っていくと、そこには未開社会的な「超自然的」なものを感じ、伝染病などに対しても祈禱や施薬などに頼っていることを指摘する。

《たとえ馬にのるから自然に起こる病気であるとしても、しからばこの自然に起こる病気を、なんとかして起こらぬようにする工夫はないものか、というようには考えないで、自然に起こるのだからいたし方ない、としごくあっさりあきらめてしまう。（中略）つまり、ここに自然に対する見方の相違が、歴然と現われてきているのであります。自然というものに、超自然的なものを仮定しないという自然の見方は、またさきほど申し上げましたとおり、自然とは法則にしたがったものである、という自然の見方であります。それゆえこの見方からすれば、自然の法則性が理解できていないゆえに、自然が自然でなくて超自然になってしまうのである。しかるにもし、自然の法則というものが、明確に把握できたとしたならば、自然はもはやわれわれの外にあって、不意にわれわれを襲撃してくる敵ではなく、それはむしろわれわれとともにあって、われわれがそれを利用し開拓することによって、われわれの生活を豊富にし、また向上させることのできる、われわれの財産である。》

人間が法則としての自然をつかまえることが出来れば、奔放な野獣のような「自然」ではなく、飼いならされた家畜のような自然である。それは人間の制御下におかれた自然であると今西は語る。言い換えれば、「近代人の発見した自然」である。人間の歴史はこの自然を利用することにより上昇の一途を辿り、今日の科学文明・物質文明を形成してきた。

この観点から見ると、蒙古人の遊牧民としての生活は、明らかに自然を対象化し利用するという方向とは逆のものである。そこには、牧畜の技術は確かにあり、その発展も認められるが、根本においては自然とそれに対応する大型草食動物としての有蹄類（牛・馬・ラクダ・山羊・羊など）の動きとひとつに結びついた生活形態だからである。

《……蒙古人の遊牧はその本質的な点においていまなおかれらの家畜の、獣としての遊牧から、一歩も出ていないのでなかろうか、という印象を受けるからであります。いいかえるならば、かれらの遊牧は、畜群に引きずられた遊牧である。これをも一つ強くいえば、草原の自然ないし土地の利用という点では、大型草食獣がでてきてその価値の転換をやったままで、その価値標準というものは、これらの獣がたとえ家畜にかわったとはいえ、いまだもとのままの動物的価値標準にしたがっていて、そこに少しも人間による、あるいは蒙古人による価値の附加、あるいは利用度の増大ということが、認められないのではなかろうか、ということを注意したかったのであります。》

この講演の後半は、こうした蒙古人の自然と生活のあり方に対して、むしろ「新しい自然の見方を教えることが必要なのではないか」という論調に移っていく。自然の利用、土地の活用のなかでのいわゆる「酪農」、つまり農業を加味した牧畜の展開の必要性について言及している。これは、おそらく日本が中国大陸、そして蒙古へと進出していくという戦時下の政策を意識せざるをえないところから出てきた論であり、今西の真意は蒙古人の酪農の展開・発達の指導よりも、「動物的価値標準」との関係のなかでその生活を営んでいる自然的適応性を強調したかったのではないか。

情報化社会と自然の調和

蒙古人がどのようにして牧畜をはじめ、その衣食住の様式を採用するようになったのか、はたして彼らの生活様式がモンゴルの草原の自然にかなない、その自然を利用していく上で最も能率的であると考えたからであろうか。今西は「問題はここにある」と言う。

《蒙古人の祖先にだって、農耕を試みてみる機会が全然なかったとはいえない。しかるにかれらが牧畜に専心するようになったというのは、牧畜のほうが農耕よりも、自然の利用上より合理的であると考えたからではなくて、いわば試行錯誤（トライアル・アンド・エラー）の結果として、牧畜の有利さを知ったから、それに固執していったのである。衣食住の様式や、その他の慣習というものも、もとをただせばたいていは原理的にこれと同じような偶然の経験の産物である。それを結果から見て、自然によく適応しているといって感心するのなら、動植物の生活だってやはり自然によく適応しているのである。もっとも動植物にだって、生活をよりよくしようという傾向のあることは、認めておいたほうがよいかもしれぬ。しかし、大型有蹄類が草原に栄えるようになったのは、原理的にいえば、やはり偶然の経験の蓄積によるものであるといわなければならない。ところで蒙古人がこれを家畜化するようになったということも、また偶然の経験に導かれたものであるとするならば、蒙古人の牧畜がいまなお自然利用という点において、動物的価値標準から脱し切れないでいるということも、深く咎むべきではないのであって、これをいい換えたならば、蒙古人にとっての家畜は、家畜といってもいまなお自然としてかれらに与えられた家畜である。》

ここでキーワードとなっているのは、言うまでもなく「偶然の経験の蓄積」という考え方である。蒙古人の牧畜と生活は、大型有蹄類が草原に適応し、そこで栄えるようになったことと矛盾することなく、それを家畜化し、そのことによって自然の形態のバランスを崩すことなく持続してきたのである。それは、決して未開的なあり方でもなければ、自然の法則をつかみ、それを利用するという技術に欠けていたからでもなく、草原という大きな大自然を舞台にした生物の最も調和的な、その意味で効率的な価値標準によって生み出されたものである。蒙古人はしたがって、「動物的価値標準から脱し切れないでいる」のではなく、むしろ脱し切れないことにおいて自然と動物と人間との調和を保持していると言える。

人間の理智や合理性を超えた自然の摂理、「偶然の経験の産物」に静かに深い眼差しを向けること。これが今西錦司の自然学の根幹であり、ここに今日の自然と人間のアンバランスな危機状態を乗り越える大きなヒントがあるのではないか。

二十一世紀の現在、モンゴルの遊牧民は大草原で今西が指摘したような牧畜と移動をしつつ、その移動式住居のゲルの風力発電によってBSテレビ、パソコン、携帯電話を使って世界中と交信しているという。インターネットで彼らの商品であるカシミヤの相場の取引をし、自立した経済を実現している。このような現代の情報化社会とグローバル化した世界のなかで、なお自然と動物と人間とのバランスを保とうとしていることは、今西錦司が「草原の自然と生活」で縷々述べているような蒙古人の遊牧論が過去のユートピア的なものでないことを証明しているのではないだろうか。それは、近代的な「人間的価値標準」にあまりにとらわれているわれわれに、強い自省を促さずにはおかないのである。

八　生命の学としての人類学

進化論の現在

今西錦司がダーウィンの進化論とは別なかたちで自らの進化論を形成していったことは改めていうまでもないが、それは二十一世紀の今日における「科学」の問題にもつながっている。それはまた、「科学」と「宗教」の対立という問題を内包している。

今西は『私の進化論』のなかで、次のように述べている。

《しかし、進化を証拠だてる事実がいくらあっても、事実は事実であって、事実がそのまま真理なのではない。真理とは事実の背後に隠れて、事実を律するものでなければならない。だから、事実と真理とが争うということではなくて、ほんとうは真理と真理が争うのでなければならない。そのためにダーウィンのもちだしたものが、自然淘汰だったのである。つまり、神と自然淘汰の争いで、自然淘汰が勝ったということである。／神と自然淘汰の争いという表現も、すこしおかしいなら、これを神学に対する、自然科学としての生物学の独立戦争であった、とみてよい。もうそのころまでに物理学は、自然科学として独立していたのであるから、生物学もやがては神の手を離れて独立すべきときがきていたのである。そしてはからずもダーウィンが、その独立宣言を書くことになったのである。》

ダーウィンが西洋社会において新たな近代の「英雄」として登場したのは、このように進化論という科学によって、キリスト教世界の絶対真理としての「神」の否定をなしたからである。社会的・文化的な観点からも、それはまさにセンセーショナルな事件であった。

今日このダーウィニズムとしての無神論は、さらなる議論を巻き起こしている。たとえば、生物進化論者、動物行動学者のリチャード・ドーキンスの『神は妄想である』（垂水雄二訳　早川書房　二〇〇七年）は、「生物は遺伝子によって利用される乗り物にすぎない」という徹底した現代の遺伝子中心主義のダーウィニズムによって神の存在を否定し、科学的合理主義を闡明（せんめい）した著作であった。この本は、英国での売り上げが百五十万冊に達し、三十一ヵ国で翻訳され、様々な論争を今日まで呼んでいる。ドーキンスへの批判としては、遺伝子に注目するだけでは生物の現象を十分に理解することは出来ないといった立場があり、また、その無神論と反宗教主義の姿勢にたいしては、マルクス主義者であるテリー・イーグルトンが『宗教とは何か』（大橋洋一・小林久美子訳　青土社　二〇一〇年）で批判的に展開している。

イーグルトンは、現代の高度資本主義社会はその内側に無神論を孕んでいると指摘する。この「神を必要としていない」資本主義の「無神論」は間違った無神論であり、マルクスやニーチェの語った無神論と区別する。いずれにしてもドーキンスの極端な科学主義、そしてすべての生物と進化の状況を遺伝子へと還元する決定論が今日改めて問題となっているのである。もちろん、そこではキリスト教的な創造論も否定される。ドーキンスはこのような自らの「科学は宗教と両立しえない」という立場の出発点に、ダーウィンの進化論をおいているのである。

まさしく生物学が、「神の手を離れて」独立した、今西錦司のいうダーウィンの「独立宣言」の影響は、二十一世紀の現在まで深く及んでいるのだ。

内村鑑三の進化論

創造論と進化論を対立的に見る見方にたいして、日本では内村鑑三がすでにそれを乗り越える新たな「進化説」を述べている。

たとえば、明治四十三（一九一〇）年に書かれた「近代に於ける科学的思考の変遷」という文章で、内村は進化論について次のように語っている。

《進化と云えば宇宙万物の叙々たる機械的進歩であるように思われていた、即ち万物は境遇に制せられて独り自から向上する者のように思われていた、然れども今や進化はそうは解せられない、進化は機械的進行ではなくして生長である、故に前以てあらかじめ計算し得らるる事ではない、同一の境遇があって、同一の進化があるのではない、万物は境遇に制せらるるといえども、同時に又境遇を制し、時には又之に打勝つ、進化は万物がその定められたる方向に向って進む道筋である、（中略）進化に意外の事の多いのはこれがためである、生命は機械力のごとくに計算し得らるる者ではないからである、進化の法則というて引力の法則というごとき者ではない、進化は或る理想に向っての進歩である、これに一定の方式のあるのは勿論である、然れども生命の進歩なるが故に必ずしも方式に拘泥せられない、生命は自由の人のごとくに或時は方式を破り、その目的とする所に向って突進する、神は玩具師のごとくに宇宙の万物を一つ一つに造り給わなかった、彼は生命の父であるが故に、自己の生命を分別して、これをしてその開発の途に就かしめた、進化とはこれ原始的生命の開発の順序である、自然的といえば自然的である、然れども、機械的、無意識的の自然ではない、宇宙は或る目的に向って進む者である、故に原始（はじめ）より或る意匠によって成ったものである。》（『内村鑑三全集』17巻　岩波書店）

内村の進化論は、自然淘汰ではなく、神が創造した世界・自然・宇宙において、そのコスモスのなかで「或る目的」に向って進む生命の営みである。内村は昭和五（一九三〇）年に亡くなるが、その最晩年の文章でも次のようにいっている。「進化説に就いて」という一文である。

《近世科学の所産たる進化説にありては宇宙万物はいずれも因果律に支配せられ万物の創成は偶然に始まり、これらは自ら進むものなりと唱えます。（中略）／進化説の法則が宇宙人生を尽く支配すると致しますればもはや何人もその遺伝と環境の固き束縛に会い万事あきらめるより仕方なくなって参ります。／聖書の教える福音の心理は全くこれと異ります。己に死にキリストに生きる活事実を体験した新しき人なる基督者はもはや境遇も遺伝も少しも桎梏とはならなくなり誠の自由人となったのであります。これには所謂特別造化 special creation が起ったのであります。／そのごとくして私共は進化論の魅力に幻惑せられずして神の示し給う真理の光に歩むべきであります。》（『内村鑑三全集』32巻』）

進化は「或る理想に向っての進歩」である。遺伝子の突然変異すらもあきらかな「方向性」をもっている。人間は偶然に出現したものではないし、宇宙もまた同じである。生命として人間が存在するのは、五十億年ほど前に超新星の爆発によって、その星が死滅することで、必要な生命環境をつくる化学元素を得たからに他ならないが、そうした死と生成をめぐる宇宙の進化も「神の造化の目的」のなかにある。

内村鑑三のこうした進化論は、決して古い宗教的認識から導かれたものでないのは、今日の科学と神学の議論からも証明出来る。素粒子理論の研究者であり、同時に英国国教会の神学者であるジョン・ポーキングホーンや、量子力学の専門家であり神学者であるアルスター・マクグラスなどは、進化論と創造論を対立させずに、科学的思考という名による「反神学」としての「反目的論」のイデオロギーから自由になった視点での議論を展開している。

このような観点から見れば、リチャード・ドーキンスの進化生物論が、反神学の立場からの一種のイデオロギーであるのはあきらかだろう。それはダーウィニズムのイデオロギーであり、そこには近代科学の価値判断があきらかに伴っている。

今西錦司がその自らの進化論であきらかにしようとしたその大きな流れは、このような科学主義・近代主義のイデオロギーから自由になることであった。このことが、彼の学問の領域を必然的に広げていくことになったのはいうまでもない。それは、広義の「人類学」と呼んでもいいものであった。

生物の全体をとらえる視座

一九七四年に今西は「人類学への回顧と展望」という文章を書いている。ここで用いられている人類学という用語は今西の進化論、すなわちダーウィンの生存競争や適者生存という考え方ではなく、生物・自然の構成要素である種社会が変化するという全体論の立場を表明するものとして使われている。

《私は人類学をやろうと思って、生物学をやったのではない。生物学をやっているうちに、人間のしていることも、現象的にはどうであろうと、また人間がこれに対して、どのように好き勝手な理屈をつけようと、その根底には、生物の生活を支配している法則が、やはり人間の生活をも支配しているのでなかろうか。つまり、人間だけが他の生物から切り離された特異なものでなくて、生物といい、人間といっても、それらまともに、同じ地球のうえで、同じような運命にしたがわねばならないのでなかろうか、というように思われだしたのである。》

これはいわゆる生態学にも通じるものであり、現代のエコロジカルな問題意識と深く結びついている。また、やや突飛な比較になるが、ロシアの思想家ピョートル・クロポトキン（一八四二〜一九二一）の「相互扶助論」にも相通ずるところがあると思われる。クロポトキンは、アナーキズムの思想家として知られているが、その思想は社会的問題から人間と生命の世界へと深い射程を持っている。

クロポトキンは、生命の秩序として、動物がお互いに扶助することを重視し、人間社会におけるモラルの根本を成すものは、この生物の生命活動の本能のなかにあるとする。これは、西洋近代の人間中心主義を根本から批判したものであるとともに、ダーウィニズムへの批判ともつながっている。動物と人間、動物と人間の社会との間にはもちろん断絶があるが、同時にその本能と意識の断絶のなかには連続性を見出すことができる。西洋思想は断絶を強調してきたが、クロポトキンはむしろ、その連続性の回復を目指すなかに、人間の新たな連帯とモラルの感情の育成を求めたのである。

《この地球上に最初の動物の生命があらわれたときから幾百万年もの間、次々に受け継がれてきたこの連帯感が、いったいどのように働いてきたのか、想像してみようではないか。どのようにして、この連帯感が徐々に習慣になってきたのか、そして遺伝を通じて、もっとも単純な極微有機体からその子孫へ――昆虫へ、鳥へ、哺乳類へ、そして人間へ――と、どのように移行してきたのか、想像してみようではないか。そうすれば、モラルの感情の起源がわかり、その感情が、食糧や消化器官と同じように、動物の生命にとって不可欠のものであることがわかることだろう。》（『相互扶助再論』大窪一志訳　同時代社　二〇一二年）

生物そして生命の連帯感のなかに、人間社会のモラルの秩序を構想するこのような思想は、グローバルな高度資本主義社会のなかで生存競争とマネーゲームにあけ暮れる現代の地平に、大きな転換をもたらし、支え合い・助け合う社会という可能性を新たに示しているのではないだろうか。『相互扶助再論』の翻訳者・大窪一志はその詳細な「解説」で、京大霊長類グループの成果をふまえて次のように指摘している。

《クロポトキンは、人間社会におけるモラルの根本をなす相互扶助というものは、生物自体の生命活動の機制なのであって、人間のそれは動物の本能を受け継いだものである、ととらえているのである。／これは、クロポトキンの社会観を見るうえで重要なポイントであり、しかも、実は、西洋思想の伝統、特に西洋近代人の思想的立脚点に反するとらえかたなのである。その違いがはっきりとあらわれているのが、動物と人間とをつなぐ環ともいうべき霊長類に対する西洋近代の生物学の姿勢である。脇道に逸れるようだが、この点を明らかにしていくと、クロポトキンの観点がわかってくるので、少しのべてみる。／第二次大戦後の世界の霊長類研究をリードしてきたのは伊谷純一郎、河合雅雄ら京大理学部出身者を中心とする日本の研究グループだった。彼らは、生物としての人間と霊長類、人間社会と霊長類社会を連続的にとらえ、研究主体である人間が研究対象である霊長類と人格的な接触を通じて生活をともにし、相互交流のなかで研究する方法——河合が開発した

「共感法」――で霊長類研究のフィールドワークをおこない、大きな成果を上げてきた。／だが、欧米の霊長類学者は、このような方法では研究対象を客観的にとらえられず、研究者の主観を読み込んでしまう「擬人主義（アンスロポモフィズム）」（anthropomorphism）に陥ってしまうとして、一貫して批判してきた。しかも、彼らの「共感法」に対する反撥は、研究方法に対するものである以前に、思想的なものであり、さらには生理的なものですらあったのである。彼らは、サルやチンパンジーに人間のような名前をつけて、気持ちを通わせて、同じ仲間のように生活をともにするということに、耐えられない嫌悪感をいだいていたのである。彼らにとっては、それは、崇高な人間性を野蛮な動物のレヴェルと同じものとしてあつかうことであり、人間であることを放棄するおぞましい行為なのであった。》

大窪氏はこの京大グループの「大本には今西錦司の存在があった」と指摘しているが、クロポトキンというロシアの思想家が、今日あらためて見直されているのは納得できるだろう。

今西錦司が構想していた生命の学としての「人類学」もまた、このような全体として「生物」をとらえ直すことによる救済の可能性であった。それは、「人類全体のために役立つ学問」であり、狭い「学」の殻を打ち破る地球の生態学の提唱でもあった。今西錦司の卓越したその思想はしかし、繰り返すが、机上で考えられたものではなく、遠くヒマラヤまで遠征をしたその登山家・探検家としてのパイオニア的な足跡から生まれたのである。

九　京都というトポス

伝統のなかでの創造

数年前になるが、九月の初旬、少し残暑が和らいだなか京都にある河井寛次郎の記念館を訪れた。河井は島根県に大工棟梁の息子として生まれるが、東京高等工業学校（東京工業大学）を卒業後に京都の陶磁器試験場に入り、陶芸の道を歩みはじめる。以後、京都は河井の制作の拠点となったが、昭和十二（一九三七）年に自らの設計により自宅を構えそれが現在記念館として公開されている。

以前から一度訪ねてみたかったが、機会を逸していた。祇園の手前の馬町というバス停を降りて、路地を入ると京都の古い家並みがにわかに姿を現し、その一角にひっそりと記念館がある。多くの作品を生み出した窯がそのまま残されている。朴訥な民家造りのその家内には、この稀有な芸術家の魂がいまも静かに宿っているようであった。

観光客でごった返す寺社や祇園の街並みとはうってかわったその空間には陶器、木彫りそしてブロンズとその素材を変化させながら、そこに力強い生命の歓喜と躍動を表現した作品がゆったりと配置されていた。河井寛次郎の造形はいわゆる民芸としての「用の美」に留まらず、そこからはるかに深い歴史の根源に向かうようなアニミズム的な神像を浮き彫りにしている。寛次郎は造形作家であると同時に言葉によって自分の想像をしばしば表現してみせた。有名な「手考足思」の一節。

《私は木の中にゐる石の中にゐる、鉄や真鍮の中にもゐる、人の中にもゐる。／一度も見た事のない私が沢山ゐる。／終始こんな私は出してくれとせがむ。／私はそれを掘り出し度い。出してやり度い。／私は今自分で作らうが人が作らうがそんな事はどうでもよい。新しからうが古からうが西で出来たものでも東で出来たものでも、そんな事はどうでもよい、／すきなものの中には必ず私はゐる。／私は習慣から身をねじる、未だ見ぬ私が見度いから。》

寛次郎の造形の自在さは生命と自然の流動性のなかにその根源を持っているように見える。この芸術家というよりは自然哲学者とでも呼びたい職人の美に深く魅入られた文学者の一人が日本浪漫派の代表的論客であった、文芸評論家の保田與重郎である。

保田は「京あない」という文章で京都の伝統と文化と生活を紹介しているが、この京のシンボルは何かと問われれば、「ためらひなく河井寛次郎先生」であるといっている。京都の現代の最高の芸術であるとともに国際的にも一流であるとの意味だが、寛次郎の多くの作品が京都で生み出されたのはやはり偶然ではないだろう。

保田與重郎は戦後に、故郷の大和桜井から京都に居を構えることになるが、嵯峨鳴滝のその山荘を手掛けたのは寛次郎の高弟である上田恆次であった。上田は陶芸家として活躍していたが、保田はその造形力に建築家としての天分を見抜き、文徳天皇陵に近い自然のうちに山荘を建てさせた。数寄屋造りや民芸風のものを嫌った保田は、剛直で繊細な上田の造形を日本建築の精髄と信じたのであった。ここにも京都ならではの美意識と伝統の堅固な伝承と見解がある。

梅棹忠夫にも『京都の精神』なる一冊の本がある。その「まえがき」でこう語っている。

《日本にはめずらしいことだが、京都のひとの心のなかには、ぬきがたい中華思想がひそんでいる。中華思想というのは、文字どおり、自己の文化を基準にして世界をかんがえるという発想である。「化外(かがい)の民」のみなさんには、ときには驚愕(きょうがく)すべき発想であり、ときにはこっけいでさえあるかもしれないが、京都にはこういう思想的伝統が存在するのは事実である。その立場からみれば、京都以外の地は夷狄(いてき)、野蛮の地である。ただし、中国においてもそうであるように、京都においても中華思想はけっして排他的ではない。この文化にしたがうものはすべてうけいれる。その意味では、中華思想は、愛郷心あるいはお国自慢とはまったくべつの次元のものである。

その意味において京都中華思想は、ひとつのイデオロギーである。わたしはさまざまな機会に、そのような京都中華思想の保持者のひとりとみなされ、意見をもとめられたり、論争をいどまれることも一再ではなかった。この書『京都の精神』は、約二〇年におよぶあいだに京都イデオローグのひとりとして発言してきたものをまとめたものである。》（『梅棹忠夫著作集　第十七巻』中央公論社）

このようなイデオロギーが今日の京都にあるのかどうかはわからないが、梅棹忠夫のような地球時代の独創的な学者を生み出したのは「京都」の文化風土であるのは間違いないだろう。

そして、もちろん今西錦司という存在を考えるときに、この京都という場所(トポス)は重要なものであるように思われる。

大家族と自然

「私の履歴書」（一九七三年）で今西はこう記している。

《私は一九〇二年一月六日、今西平兵衛の長男として生まれた。私の生家は屋号を「錦屋」といい、京都・西陣の織屋の中ではトップクラスの一つだったらしい。私の名前はこの屋号の一字をもらっているのである。そのころの西陣の織元というのは、一つ屋根の下に三〇人もの人間がいっしょに暮しているのだった。私は生まれたときは祖父母、父母、それに少なくともおばが三人、おじが一人同居していた。それに店の者、つまり番頭、丁稚を合わせて一〇人ぐらい。さらに糸を繰ったりする家内工業のかたわら家の掃除なども手伝う女子衆が一〇人から一五人、ほかに飯たき女一人、下男一人というわけだから、だいたい三〇人ぐらいの大家族だった。家の中では家族プロパーのことを〝お上(かみ)〟といい、家族以外の者を〝下(しも)〟と呼んでいた。》

錦司という名前は「錦屋」から一字を取ってつけられた。祖父が築いたこの織元は西陣でも有数の者であったというが、こうした伝統的な匠の技と西陣という土地柄、そして大家族の環境は、まさに千年の都ならではのものであった。祖父平兵衛は西陣のリーダー的存在であり、明治三十一年から六年間京都市議会の議員も務めている。今西錦司が後にその山岳冒険やさまざまなフィールドワークにおいてリーダーシップを発揮するそのパーソナリティはこうした祖父の影響が見られる。

また、京都の哲学者桑原武夫が、今西についてエゴイストとは言えないが、「強い個性の包蔵する特殊美意識、あるいはイドに突き動かされているような不可解な面がいつもひそむ」といっているが、そのいわゆる「特殊美意識」は京都人の感性を抜きにしては考えられなかったに違いない。

さらに「私の履歴書」には、大家族という騒々しい環境からしばしば抜け出るところとして、祖父が上賀茂に建てた家の近くに広がる「人工の加わらない自然」の場所についての思い出が、次のように記されている。

《私はしばしば祖父のお伴をして、この上賀茂の家を訪れた。そんなとき父はいつも弁当持ち兼私の遊び相手に、店から私と同年輩の丁稚をつけてくれた。上賀茂の家へ行く道はたんぼのあいだを流れる小川に沿っていた。われわれはその小川で魚をすくった。ドジョウ、ホトケドジョウ、ドンコ、ゴリなどという魚と親しくなっていった。朝早くから番頭や丁稚といっしょに、カブトムシをとりにいったこともあった。これはクヌギの木から出る蜜に集まっているところを捕えるのである。そのうちに庭に飛んでくるチョウを捕えてピンでとめ、箱に並べて楽しむようになった。小学校三、四年生のころではなかったかとおもう。》

今西の自然学の出発点が昆虫の生態であったことを思えば、この祖父とともに行った小川は彼の学問の揺籃の地であったといってもよい。

今西が中学三年の時に母親が亡くなり、その直後に祖父が他界し少なからぬ衝撃を受ける。母親は一家のなかで中心的な存在であったので、この相次ぐ死は大家族の組織の崩壊を意味していた。今西少年はその衝撃を乗り越えていくために、猛烈に山登りを始めたという。祖父に同一化の対象を求めていた彼は、その存在の喪失を埋めるように自然への強いあこがれとエネルギーを自覚するようになった。その登山の対象として、北山などの京都の千メートルの高さを超えない山並みが選ばれたのである。アルピニストとしての今西錦司は必ずしも高い山を征服することや断崖絶壁を克服するような登山を目指したのではなく、その生涯において千五百もの山を登った事実からも、山は彼にとって自然の最も総合的な、全体性を開示してくれるものであった。

「山の生態学」（一九六七年）という文章で今西はこう語っている。

《ところで、山というとだれでもまっさきに高さを考える。けれども、山は高さばかりでできあってるのではない。高さとともに、それぞれの山のおかれている地理的位置が、いわばそれらの山のもつパーソナリティの形成に深い関係をもつ。われわれのパーソナリティには、生得的で環境によって変えがたい部分と、環境によって変わりうる部分とがあるが、これを山にあてはめたならば、山の高さとか、その内部を作り上げている地質とか、それとすくなからず関連のある山の格好とかいったようなものは、これは山の生得的なパーソナリティを形づくっているといえよう。これに対して山の表面をおおっている植物被覆のようなものは、山に生得的なものでなくて、環境によってきまり、環境が変わればそれに応じて変わりうるものと考えてよい。まさか北海道の山を九州に移すというわけにはゆくまいが、思考実験は可能である。すなわち、北海道では針葉樹林におおわれていた五〇〇メートルの山が、南九州へ移されたら、照葉樹林におおわれた山に変わると考えてよ

いのである。》

今西の山にたいする見方は、ここでいわれている「山の生得的なパーソナリティ」への固定的な関心ではなく、山という固定的な自然物もまた、環境の変化によって「変わるべくして変わる」という進化論のなかにあるということだ。山の高さだけを見ていては見えてこない、山の変幻する自在な自然のあり方こそ今西の深い関心の的であったことが分かる。それは幼い日に縦走した京都の低い山並みの体験に根差していたといってもいい。

ちなみに「富士信仰」（一九七九年）という短い一文で、富士山は我が国では超一流の高くて美しい山であり、そのことに異存はないが、それが一種の自然崇拝、自然信仰のようなものになってしまっていることに違和感を唱えている。「富士山そのものは一個の自然物である」といい、そこにも常に環境による変化があることを言っている。富士山が「世界文化遺産」になったのを今西が知れば、どう思ったであろうか。山は「自然」であり「文化」ではないという当たり前のことに改めて注意を促すのではないか。

加茂川の流れ

京都の自然環境ということをいえば、今西錦司の名前を世に響かせた「棲み分け」の理論は、まさに京都の加茂川において発見されたのである。

下鴨に転居してから加茂川の流れを日々自らの学問の舞台とした今西は、川底の小石を毎日のように動かしながらそこについたカゲロウの幼虫を採取し、それを観察し続けた。川の流れの速いところ、緩やかなところ、それぞれの環境の微妙な変化の中でカゲロウの幼虫は相似した生活の場を棲み分けることで、お互い対立しながら、またお互いが相補っている。それは川の流れや上流と下流の環境の相違などによって形成される「種の社会」であり、それらは生活の場を棲み分けることでひとつの生活形成社会を構成している。この地上の生物の種類がいくらあろうとも、それらはみなこの「種の社会」という自分に適した生活の場を持ち、進化とはこの棲み分けの密度が高くなることである、という今西進化論がここに誕生したのである。

それはダーウィンの進化論、すなわち適者生存の自然淘汰、勝つ者は残り負けた者は滅びていくという理論とはあきらかに異なる独創的な進化論である。そしてこの発見が今西という「強い個性」とその「特殊美意識」を養い、育てた自然環境、すなわち京都というトポスによるものであったことは繰り返すまでもない。

この生物の棲み分けは種と種が抗争することでお互いの棲み分けを破壊することなく、共存する。そこに重要な真理がある。それは、山の自然のなかにも見ることができる。

《たとえばシラカバという木は土地の肥えたところよりはむしろ荒れ地のほうを選ぶ木である。ところが毎年落葉し、腐葉土が増してくると、もはやその場所がシラカバには適さなくなるので、今度はそれに適した植物が、例えばブナがそこに生えるようになる。しかしこれは遷移説でいうような抗争の結果ではない。ブナに負けてシラカバがなくなってしまうのではない。シラカバは自分に不適当となった場所をブナに譲り、適当な荒れ地を求めて移住していったにすぎない。そんな荒れ地はたえずどこかでてきている。だからシラカバが完全に姿を消してしまうようなことはない。》

シラカバとブナとは棲み分けを通して両立し、共存する。どんな種類でもその種に許された生活の場においてその種は主人公となる。山の自然も環境によって変化し、そこに生きる動植物も変わっていく。川の流れも環境によって変化し、そこに棲息する生物や魚もまた変わっていく。その変化は互いを破壊するのではなく、変化のなかに自らが生きる場を形成する。

ダーウィンの進化論は十八世紀から十九世紀にかけてのヨーロッパ社会、生存競争としての資本主義の勃興しつつあった社会に生きていたからこそ、そうした進化論になったのだと今西はいう。それを当時の西洋社会が歓迎した。しかし、日本人は、遠く海を隔てて歴史も伝統も異なっている。ヨーロッパ近代の進化論をわれわれが「ありがたがらねばならない」とすれば、ちょっとおかしいのではないかという。

《まだ人間の社会は、そこまで一体化してはおらないはずである。よく私をダーウィン進化論の反対者のようにいう人があるけれども、私は反対しているのではない。彼の進化論が私の体質に合わないから、私の体質に合う進化論をつくりだそうとしてみたにすぎないのである。》

二十一世紀のグローバル時代の今日、歴史や伝統などという言葉はすでに過去の古い遺物となっているのか。しかし、あきらかなのは今西錦司という思想家の、この「体質」を作り出したものこそ、千年の都の伝統の力であり、時代の変遷を乗り越えてきた歴史の中に生きる人々の知恵と創造力である。

それはそうとして、今日の京都はどうなのだろうか。保田與重郎や、梅棹忠夫や今西が今の「観光都市京都」の騒然たる外国人観光客の様子を目にしたら何というのか。蛇足ながらそう思うのである。

十　人間は動物なのか

動物に魂はあるのか

金森修『動物に魂はあるのか――生命を見つめる哲学』（中公新書　二〇一二年）を面白く読んだ。アリストテレス以来の哲学者や自然科学者たちが動物をどのように生命の位相のなかで捉えてきたかという、動物論の系譜を丹念に跡づけた著作である。そのことによって「人間とは何か」というテーマが浮かび上がる。

著者は、大学の講義である時期に、昆虫には喜怒哀楽などはないとの推定の下に、昆虫はほとんど神様が創ったロボットのようなものだから「蟬が死んだ」ではなく、「蟬が壊れた」と述べてもいいと何度か口にしたという。しかし、自分が口にした言葉であるにもかかわらず、この言葉に徐々に醜さを感じるようになり、言い続ける気がしなくなった。「恐らく昆虫に喜怒哀楽などはないだろう。それはいまでもそう思っている。だが、だからといって『蟬が壊れた』はない。蟬は蟬なりの仕方で死ぬ、つまり静かに土に還っていくのである。蝉には蝉なりのかけがえのない命がある。命を前にした時、やはり私自身、命をもつ一個の生物として、それなりの敬意を払う必要がある。それを外すから醜い言葉になる」。

この感覚は常識的なものであり、誰もが共有しているだろう。人間という存在を特別なものとして設定することから、人類の文明の歴史は始まっていると言ってよいが、その周辺の生命としての動物の位置づけは、常にその時代の世界観や人間観との深い関わりのなかにあった。動物論の背後には、その意味で人間論があり、『動物に魂はあるのか』は、動物の霊魂をどう考えるのかという歴史を辿っていく。「動物霊魂論」つまり動物にも魂があるといった考え方にたいして、新たな段階を示したのは、近代哲学の祖といわれたデカルトであった。十六世紀のヨーロッパ人にとって、動物の理性、豊かさというテーマは人間の悲惨さというテーマと即応的に馴染み深いものであったが、数学と形而上学をその学問の規定に置いたデカルトは、動物の霊魂を否定的にとらえた。仮に、動物に霊魂が存在したとしても、人間の霊魂とは似ても似つかないものであり、動物を人間にまで引き上げるあらゆる議論を拒否したのである。また、デカルトは動物は自由意志を持たないとして、「動物機械論」とも言うべきものを展開した。

二十世紀の最大の哲学者と言われたハイデッガーは、『存在と時間』で現存在（人間）を分析し、哲学的人間学を現代の地平で展開したが、人間以外の存在者にとっての世界とは何かという問いを立てている。

たとえば、石は「無世界的」（Weltlos）であり、動物は世界貧乏的（Weltarm）であり、人間は世界形成的（Weltbildend）であると指摘する。石にとって世界は関わるべきものとしては存在していない。路上の石は、周囲のものと深い繋がりを自らが持つことはできず、世界にたいして接近可能な在るものとなることはできない。これにたいし動物は、周囲にたいして特定の接近と関係を有しており、対象世界にたいして器官が関わりを持つ。しかし、全体として動物は衝動的に振る舞い、その本能のなかに囚われている状態に置かれている。「動物は世界貧乏的だ」という命題は、このような動物と世界との関係の単純さの限界を指している。これにたいして人間は、自ら対象世界を形成していく文化的知性と道具を持ちえているというのである。

ハイデッガーは、存在論をその哲学の根本命題としており、いわゆる実存主義的なヒューマニズム（人間中心主義）とは明らかな一線を画しているが、上記のような動物論をみると、そこには人間を世界の中心においていることに変わりはない。このようなハイデッガーの哲学を根本的に組み換えようとした、二十世紀後半を代表する哲学者ジャック・デリダは、むしろ動物に新たな光を当て、人間から動物へではなく、動物の側からの眼差しという視点の転換を設定した。

『動物に魂はあるのか』では、デリダの最晩年の著作『だから動物である私』（二〇〇六年）を次のように要約している。

《人間には言葉、理性、笑い、喪や埋葬の習慣などがあるが、動物にはないというような類の、伝統的に繰り返されてきた〈動物・人間弁別論〉。他者論で有名な思想家、レヴィナス（一九〇六～九五）でさえ、その〈他者〉に動物は含まれていない。人間とは違い、〈他者〉でもない動物に、どうしてそれほどの配慮をする必要があるだろうかという通念がある時、それを何とかして切り崩そうという意図がデリダの立論を支えているのだ。その背景には、功利主義者ベンサム（一七四八～一八三二）の有名な判断、〈動物の苦痛〉への配慮という伝統が控えているのは当然で、現代のような大規模な動物搾取の時代にあっては、それを一層強調する必要性があるとデリダは示唆する》

難解な哲学者といわれるデリダの印象からは意外な感じさえするが、「動物」と「人間」が截然と分断できるものなのかという、人間中心主義への批判的眼差しは、ある意味できわめて今日的ですらある。

もちろん、注意しなければならないのは、また大切な要点は、デリダは動物を擬人化して人間中心主義を批判するスタンスを取っているのではないことである。

『獣と主権者［Ⅰ］』（白水社　二〇一四年）の「解説」で訳者の西山雄二は、次のように記している。

《人間と動物との古典的な対立は理性や言語、技術、喪といった境界線によって画定されてきた。動物は人間の固有性の否定形によって規定され、神の統一性に由来する人間中心主義的な遠近法から解釈されてきた。デリダが問い質すのは二つの生きもののあいだに構築される形而上学的境界である。むしろこうした境界への信こそが人間性と動物性の区別を生み出してきたのではないだろうか。デリダは初期から人間の固有性、さらには固有性の概念そのものを脱構築的に問いつつ、そうした固有性におけるさまざまな断絶や異質性に着目してきた。人間と動物の境界線は単一ではなく、つねに多数的で複雑なのである。もっとも、これはあらゆる生きものに共通の有機的な連続性を強調するような自然主義的な態度ではないし、動物の立場から人間の特権性を批判するような単純な反人間主義でもない。デリダの主張はいわゆる動物倫理にはあてはまらず、むしろ動物倫理の枠組みさえ問いに付すものだろう。デリダは人間性と動物性の対立そのものを脱構築し、生きものの差延的な構造を析出しようとする。》

デリダが「哲学者」として、「人間性と動物性の対立そのものを脱構築」しようとしたとすれば、わが今西錦司は動物世界を直に観る（じかみ）ることの経験とフィールドのなかから（西山氏の言葉を借りれば）「生きものの差延的な構造」を、「棲み分け理論」としての〈生物全体社会〉のヴィジョンとして示してみせたともいえるのではないだろうか。

人間性の進化と動物論

ここまで動物論について紹介してきたのは他でもない、今西錦司はニホンザルの実地研究やアフリカのフィールドワークにおけるゴリラの研究などを通して、動物の在り方を総合的かつ生物の進化の根源的な視点から考察しているからである。

一九五二年に「毎日ライブラリー」の一冊として出版された『人間』という書物（これは今西自身の編集である）の巻頭に載った「人間性の進化」のなかで、一般の読者にも分かりやすく、この人間と動物の位置づけが語られている。一言でいえば、それは動物と人間を本能と知能として分けるのではなく、動物のなかに人間性の萌芽を見出すことができるという論である。

この書物のあとがきに、今西は「人間は人間のことを一ばんよく知っていると思っている。しかし、酸素や水素や小麦のことを知っているほどに、人間ははたして人間のことを知っているだろうか」と記している。学問が細分化し専門化するなかで、自然と生命のさまざまな現象を考察し、原理的に総合して考える自然学ともいうべきものを打ち立てた今西錦司は、霊長類学という分野から新たな「人間学」の確立へと向かっていったと言ってもよい。

「人間性の進化」は、四人の（あるいは四匹のというべきか）座談の形をとっており、「進化論者」「人間」「サル」「ハチ」が登場する。

最初のテーマは「本能とカルチャー」であり、世間では動物は本能によって生活しているに過ぎないが、人間にはカルチャー（文化）があるといわれているが、それは本当なのかという議論が展開される。カルチャーの定義が、人間の生活様式のなかで持続的に獲得され、維持されていくものであるとすると、動物にはそのようなカルチャーは存在するのか、との問いが生まれる。「サル」はこの問いにたいし、「われわれは持続的な群れ生活をしています。それにわれわれは、人間と同じように、子供のときは、どうしても母親に育ててもらわねば一人では生活できないのだから、この子供のときに、どれだけ母親のすることを見習ったり、あるいは母親に教えられたりしたか、ということがはっきりしないと、われわれの行動のうちで、どこまでが本能でどこからさきがカルチャーであるかということも、またはっきりといえないのです」と答える。動物さらには「ハチ」が語る昆虫の生態などの現実から「持続的な生活集団者」にはカルチャーが認められることが明らかにされ、本能とカルチャーを対峙させたままでは見えてこない領域にスポットが当てられた。

《……動物の行動はすべて本能であると見なしていたのも独断（ドグマ）であれば、人間の行動だけがカルチュアであるとみなしていたのも、また独断であったということが、おのずから暴露されてくるであろう。それがまずわれわれの第一のねらいであった。》

ここから次のもうひとつの大きなテーマが導き出される。すなわち、「機械論と目的論」の対立である。

動物は本能によって生活し、人間はカルチャーによって生活する、という考え方と表裏一体になっているのは、本能によって生活する動物は、その行動の目的を知らないが、カルチャーによって生活する人間は、いちいちその行動の目的を知っている、という区別である。ここに動物と人間の決定的な違いを認めようとする考え方が、広く流布している。しかし動物も本能だけではなく、ある程度までカルチャーがその生活のなかに認められるとすれば、行動の目的を知っているか否かによって弁別してきた人間と動物の区別が吟味され直さなければならない。サルやハチの行動を見ていくと本能や刺激に反応するといったなかに「行動の目的」を認識している可能性がみえてくる。本能的な行動だからといって、その行動の結果が予想されていないということにはならない。この場合、行動の目的を知っているといっても、それは人間と同じ意識作用、大脳皮質的なメカニズムを伴っているということではない。それは自ずから別の問題としなければならない。神経生理学的な裏付けによって証明されなくても、その動物の行動から直接に証明できることであったならば、目的論的な行動を否定する根拠はない。

これは、今西錦司のかねてからの重要な学説であり、ダーウィニズムの自然淘汰としての進化論、機械論としての進化論に異を立ててきた今西進化論の真骨頂といっていいだろう。

今西自身の発言と受け取っていい「進化論者」は、次のように語っている。

《ダーウィンはすぐれたナチュラリストだったから、その後の行動主義心理学者や遺伝学者に比べたら、もっと広い幅をもって、動物というものを見ていたにちがいない。自然淘汰説を機械論的にしてしまったのは、むしろダーウィン以後の進化論者、とくにワイズマンなどのせいですよ。／自然淘汰説の欠点は、形態のほうでも行動のほうでも同じことだが、生存競争が起こって、優勝劣敗で、敗れたほうのものが淘汰される、というところにある。あるいは、より進化したものによって、より進化しないものが置きかえられる、といってもよい。そうすると、カリウドバチやハナバチの生活にいろいろな段階のものが認められる、ということと矛盾してくる。進化の段階の低いものが、いまでも高いものといっしょに、平気で共存していることになるからである。しかし、自然淘汰説では説明できない、ということだけいっていたのでは不十分である。なにかそれにかわる説を持ち出さねば不十分である。それでぼくは『生物社会の論理』（毎日選書　一九四九年）では、棲みわけ説をだしてこれに対抗しているのだ。》

『生物社会の論理』から出発した今西の進化論は、動物や昆虫といった生命の広域を包含しながら、さらにカルチャー論やパーソナリティ論へと人文科学へも横断していくことになった。一九五二年に発表された「人間性の進化」では、人類学と動物学とが歩み寄った場所での生物論、生命論が展開されたのである。

ＳＴＡＰ細胞疑惑と自然学

科学・医学界で「ＳＴＡＰ細胞」の発見が提起され、その後発表者の論文及びデータに関して改竄の疑惑が生じたことは、いまだ記憶に新しい。ＳＴＡＰ細胞がそもそも存在するのか、それが実績をあげることを火急の事態として求められる科学者の置かれた研究環境のもたらした偽造なのか。素人では判断がつきかねるが、医療応用の面での期待の高まりと生命倫理の問題、また科学の研究と金が密接に絡むことにより不正など、さまざまな諸問題が浮き彫りになっている。実験室のなかでのテクニカルな科学の偽装が横行しだしたとすれば、これはまさに科学の死であるだけでなく、すべての生命にたいする重大な背信的行為であるといわざるをえない。このようなとき、今西錦司が提唱した生物とその生態系を総合的な視点から捉える「自然学」は、改めて見直されなければならないだろう。

一九八四年に出版された『自然学の提唱』のなかの次のような言葉は、今日の科学・医学・生物学そして自然科学全体に向けられた大きな警鐘であると思われる。第四章でも紹介したが、今一度引用しておく。

《これは物理学が自然科学の範たるものであって、生物学などまだ学問の体をなしていないと考えられていた今世紀初頭の風潮にたいして、抗議しているのである。いまごろはライフサイエンスなどという言葉とともに、生物学もようやく見なおされつつあるが、しかし、遺伝子であるとかDNAであるとかいった極微の世界を通じて、どんな自然観が生まれてくるのか。世の中には一生実験服をまとうて、実験室外に出たことのない人もいる。動物や植物の自然のままな姿など一度も見たことのない高名な学者もいることだろう。そんな人たちのもっている自然観と、生涯をフィールド（自然）の中でくらしてきた私のようなものの自然観とが、いっしょにされてたまるか、という気持ちはいまでも、〝底流〟かどうかしらぬが、どこかにくすぶっている。自然科学などなくたって自然は存在する。自然科学なんてえらそうな顔をしても、自然の一部しか知ることができない。自然を細分して、その分野の専門家になったところで、それは部分自然の専門家にすぎない。部分自然の他に全体自然があるということを、学校教育では教えてくれない。私に全体自然があるということを教えてくれたのは、山と探検であった。》

実験室のなかの「部分自然の専門家」がデータを最新のパソコン画像で改竄したり、意図的に切り貼りしたりということが、今日の〝科学〟であるとすれば、それは専門家だけでなく、われわれ一般の人間にとってもこれ以上不幸なことはない。自然という大きな生命体を見失ったとき、旧約聖書の『コヘレトの言葉』が蘇ってくる。「人の子らに関しては、わたしはこうつぶやいた。神が人間を試させるのは、人間に、自分も動物にすぎないということを見極めさせるためだ、と。人間に臨むことは動物にも臨み、これも死に、あれも死ぬ。同じ霊をもっているにすぎず、人間は動物に何らまさるところはない。すべては空しく、すべてはひとつのところへ行く。」（新共同訳　三章十八節〜二十節）

十一　ダーウィニズムの不可解な流行

現代の進化論の正体

吉川浩満『理不尽な進化　遺伝子と運のあいだ』（朝日出版社　二〇一四年）という本を読んだ。著者は生物学者ではなく、あくまでも進化論への関心からこの本を著したという。以前にも触れたが、リチャード・ドーキンスの進化論の著作などが話題となり、ちょっとした進化論ブームが巻き起こっている。吉川氏の著作は、哲学や人文科学の観点も導入しながら、進化論を現代社会の特色である競争主義などとも絡めて、幅広い議論を展開している。「進化論風」の言説が蔓延している理由を次のように説明している。

《テレビやネット、広告などに触れてみると、たちどころに、「適応しなきゃ淘汰されるぞ」といった説教、「適者生存の世さ」といった慨嘆、「ものすごく進化したな」といった感想、あるいか「〇

○の進化、極まる。時代は△△へ」といったキャッチコピー（進化ポエム）が飛び込んでくる。論じる対象はビジネスであったり政治であったり商品であったりスポーツであったりとさまざまだが、言葉の使用法はだいたい決まっている。私たちの進化論から説教、慨嘆、感想、ポエムを除いたら、ほとんどなにも残らないのではないかと思われるほどである。》

「適者生存」というキャッチフレーズがダーウィン以降の進化論の代名詞のように使われ、それはイギリスの思想家ハーバート・スペンサーによって「社会進化論」として拡大された経緯などを説明しながら、吉川氏は現代まで「進化」（evolution）がひとつのマジックワードとなってきたという。適者生存と自然淘汰説がいわゆるトートロジーとなり、現代人の生活感覚から社会組織まで、この観念のなかに置かれている点を問題化する。もちろん、これだけならば社会文化論の領域に留まるが、本書が主眼とするのは、ダーウィニズムの本質に迫ろうとしているところにある。

《リチャード・ドーキンスは、これまでに人間が考案した進化理論は、煎じ詰めれば三つしかないと言っている。すなわち、ラマルキズム、自然神学、そしてダーウィニズムである（Dawkins 1996）。前二者とダーウィニズムのちがいは、その説明体系に偶発的契機が組み込まれているか否かにある。もし偶発性を考慮にいれる必要がなければ、進化論はラマルキズムか自然神学で事足りただろう。

ラマルキズムにおいては、生物はあらかじめ定まった方向に進化することが決まっているため、そこに偶発性が入り込む余地はない。自然神学では、生物は神様がデザインすることになっているため、ここにも偶発性の余地はない（自然神学の神様はサイコロを振ったりしない）。ダーウィニズムは、進化の説明において系統的に偶発性を考慮に入れた唯一の理論なのである。》

ダーウィン以前の進化論、たとえばラマルクの発展的進化論と呼ばれるものは、生物はある目標に向かって順序正しく前進的に変わっていくというものであり、キリンの首は樹木の葉を食べざるをえない環境のなかで長くなった、といった学説である。そこには生物の進化には究極的な「目標」があるということだ。そしてすべての生物は同じ目標、単純なものから複雑なものへ、完全性へと進んでいくという方向性を示している。自然神学も「神」という創造主を前提とすることで生物の進化を目的論的に志向している。

これにたいしてダーウィンは、目的論的思考を排除し、偶発性を重要な進化の重要な要素としている。この目的論的思考の否定については以前にも述べたが、ここには神学から人間学への時代的転換があり、ダーウィンこそは科学の名において聖書の創造論を粉砕した近代主義者の輝けるスターたりえたのである。

『理不尽な進化』は、このようなダーウィニズムの延長上に現代の進化論の議論を展開しているが、奇妙なことに今西錦司の著作はもとより、その名前すらも一度も出てこない。これはどのようなことなのだろうか。

《進化論の驚嘆すべき成果に比べたら、それに接する私たちの反応などじつにみみっちいものだ。それに、私たち素人がどのように感じるかなど、進化研究の中身はほとんど関係がない。その意味で本章の議論もまた進化研究の内実とはほとんど関係がない。しかし、まさに関係がないということこそ、ここでの議論のポイントなのである。進化論はその中間的性格によって、「あらゆる人間的要素を除去しようとする恒常的な努力」である科学の人間にたいする遠心化作用と、歴史の循環的構造のなかで状況にコミットするという人間的な求心化作用という、水と油の二つの傾向が出会う格好の舞台となるからだ。そして素人の混乱も専門家の紛糾も、つまるところこの出会い――衝突あるいはすれちがい――によって生じるものだと私は考えるのである。》

今西錦司の進化論は、これまで紹介してきたように、まさにこの「水と油の二つの傾向が出会う」ところにおいて改めて総合的な見地から展開したものではなかったか。とすれば、現代の進化論の孕む矛盾や問題点を考えるときに、今西の遺した仕事はやはり見直されるべきであろう。

『生物の世界』を出発点としてナチュラリストとしての生涯を貫いた今西の自然学は、生物的自然を捨象して、科学イデオロギーに陥っているニューダーウィニズムにたいしてむしろ深い反省を促すものではないのか。

「棲み分け」の共時性

今西の進化論は、自然神学のように「神」の存在に決して回帰するものではない。その意味では、自然神学とは明らかに一線を画しているし、ダーウィン説のバリエーションであるといってもよいが、同時に次のように語っていることを忘れるわけにはいかない。

『私の自然観』（一九六六年）のなかの一節にそれは明らかである。

《……自然の設計を、だれが、あるいはなにが、つくったのであろうか。（中略）創造主か。いや創造主は、刀折れ矢尽きるまで出てもらいたくない。突然変異か自然淘汰か。いやそのようなものは、もともと設計を実現するための手段であり、過程ではあっても、設計主そのものではない。ということになると、おかしな話だが、いままでの進化論は、ダーウィン以来、設計主を忘れた進化論だったことになる。造物主の退場を求めておきながら、その跡をうめることを忘れていたのである。

設計主は、生物の進化論であるかぎり、生物であるにきまっている。西欧流の学問というものは、どうしてこんな、わかりきったことを、認めようとしないのだろうか。設計主というものが、よそにいて、そこから指図しているのでなくて、この設計主は、自分が身をもって、設計を実現してきたのである。また設計主といっても単数ではなくて、すべての生物が、どれもこれも、みなひとしく設計主だったのである。さきに使った言葉でいえば、つまりかれらのあいだの相互適応の結果として、自然はその体系化の完成を、見るにいたったのである。》

「適者生存」にたいして生物が「相互適応」の体系を成り立たせていくというこの道筋は、いうまでもなく今西の棲み分け理論から出発したものである。ここには自然神学的なものとは異なるが、ひとつの「自然は完成している」あるいは「自然は完成に向かう」という目的論的な思考がある。「設計主」を「神」のような絶対者として生物の外に設定するのではなく、生物そのものがどれも「みなひとしく設計主だった」という視点は、極めて重要である。いいかえれば、主体と客体、主観と客観といった西洋的な哲学的二元論ではなく、西田幾多郎の言葉でいえば、「主客未分化」としての東洋的感覚と思索がここにあるといってもよい。

しかし、今西は西田哲学のような言語による思想の構築ではなく、あくまでも具体的な生命と自然との接触のなかで体系化された進化論であり、自然学であった。今西が西田哲学に影響を受けながらも、ある意味でそれを忌避したのは、ナチュラリストとしての自己の学問のあり方そのものからきているように思われる。

吉本隆明との対談『ダーウィンを超えて』（一九七八年）で、今西錦司はこう語っている。

《……ダーウィンの進化論は緻密なように見えながら、じつは中心的なところで非常に観念的だということになるんです。自然淘汰といいますけれども、そういうことがじっさいの自然界で行われているかどうかということには、あまり気を使ってはいないんですね。

私はどっちかといいますと、現在の実験尊重の自然科学ないしは生物学にむしろそっぽを向いて、自然に即して物を見、物を考えてきたものです。昔、十九世紀ごろにはナチュラリストと呼ばれる人たちがたくさんおった。ダーウィンも元来はナチュラリストの一人なんですけれども、ダーウィンのころから始まって今世紀にはいると、実験科学というものが顕著になり、また重要視されるようになった。そして、大学のラボラトリーが、生物学の中心になる。ナチュラリストたちはラボラトリーをもっておらんでもよかったんです。自分の家と自然とのあいだを往復していたらよかったんです。それがもうすっかり主流を大学の実験室に奪われてしまった。

したがって、この進化論は正しいやろかどうやろかというようなことを、検証するだけ自然を深く見ている人は、もういまはおらぬかもしれない。進化論などというものは、いまの実験科学からはもう出てこないんです。つまり、みんな専門専門に小さく固まっちゃってね。》

『理不尽な進化』は、進化論を思想ないしは哲学として考えめぐらすとき、興味深いテーマを提示している。しかし、生物の世界では地球上に出現したものの九九%が絶滅してきたのであり、人間を含む〇・一%の生き残りもいずれは絶滅するだろうといった、「絶滅」の生命の歴史をタイトルの意味に込めていることからもわかるように、歴史的な時間軸の「生物学」や「進化論」を出ていない。今西が警鐘を与えたのは、むしろこのような進化論的思想のもたらす狭量さ、観念的迷路の思考にたいしてであった。

《だからいまでもアメーバとかゾウリムシとか、いくらでもそういう体制の簡単なものがいます。そういうものとわれわれは一しょに住んでいるんです。別な言葉でいえば、みんなシステムの一員として、システムの中に含まれているんでして、下等なものが滅んで高等なものだけが栄えているというものではないのです。その辺のところでダーウィニズムをとり違えると、そんなものがいまごろまで生きているのはおかしいというようなことになりかねんのです。

だから私は、進化というのは棲みわけだと、繰り返しいってきました。進化は棲みわけの密度化であるともいってきた。密度化することによって、このシステムそのものも非常に精巧な、巧緻なものになってきたので、それらを全部ひっくるめたものが進化だという見方です。

そういうところで、いままでの生物学の中に閉じ込められた、マンネリ化した進化論とはちょっと違うんです。》

「進化は棲みわけの密度化」という発言は、まさに今西進化論の神髄であり、自然はこの「非常に精巧」なものの根源である。ここに、文明と理性の進化によって危機（自らが招いた）のなかで帰路に立つ人類への深いメッセージがある。

『村と人間』が問い返すもの

戦時中、今西は中国・張家口にあって、内蒙古奥地の調査などを行っていた。一九四五年八月の日本の敗戦により張家口を脱出し、その後北京に移り、翌四六年帰国の途に着く。敗戦時の大陸での困難な体験について、今西は多くを書き残してはいないが、ソ連軍の侵攻や八路軍の攻撃によって、軍人だけでなく日本人の居留民が多く犠牲になったことは、彼のなかで少なからぬ衝撃的体験となったと思われる。

一九四五年十月六日の日付のある「砂丘越え」という文章でこう書いている。

《けっきょく敗走である。敗走でしかない。この数年来日本人は何万と進出してきたが、軍はもとより、一般居留民も、日本人は日本人だけの社会をつくろうとした。その社会と現地民の社会とは遊離していた。日本人は安く配給物をうけとり、日本人はいわゆる治外法権の特権階級として、現地民の社会にまで根をおろす必要を、ほとんど感じないで暮らしていた。この日本人の社会が風に吹かれて動揺するとき、これをとどめる力は、現地民の社会からでてこなければならないということを忘れていた。日本人は、自分らの生命財産の保護のために防衛召集をやっても、現地民の生命財産のことは考えていなかったのだから、現地民だって日本人の生命財産を保護しなければならないいわれはないであろう。けれども現地に長年くらして、現地民のあいだにとけこんで生活していたものなら、個人的にその生命財産を保護してくれる現地民の友だちだって、すこしはあってもよかりそうなものではないか。そうした友だちがあったならば、われわれはたとえ逃げださなければならなかったにしても、後の処置は心配せずにすんだのではなかろうか。敗走はけっきょく日本人のつくった、浮き草のような日本人社会そのものの敗走である。》

今西が、京都の加茂川で見つけることになったカゲロウの「棲みわけ」ほどにも「人間」は相互適応をなすことができず、生物と自然の体系のなかからはみだしていかざるをえない。中国大陸で今西が目にした日本人のこれがまぎれもない現実であった。

帰国後に『生物社会の論理』を京都大学理学部動物学教室に籍をおいて稿を進めながら、今西は戦後の混乱と貧困のなかで新たな生態学の構想を練った。広大な蒙古の地平とは対照的な狭い部屋でコンクリートの床の上に畳一枚を敷いて、小さな机に向かっていた今西錦司の姿があったという。

敗戦後、今西は大和地方の平野村の調査をはじめ、一九五二年に『村と人間』という共同研究をまとめている。一五〇〇枚にも及ぶ村の総合調査は、ダイジェスト版として刊行された。この本は、日本の農村を対象とした自然と共同体をさまざまな角度から調査、分析したユニークな記録である。内蒙古の草原にすむ牧畜生活者の社会から、転じて農耕生活者の社会を調べることで、今西は日本の現郷と自然を総合的に捉えようとしたのである。それはまた、都市と農村という区分から農村を見るのではなく、社会進化史的に農村が都市へ変わっていく過程や、都市になることのない農村の進化、クライマックスを探るという極めて意欲的な探索であった。民俗学ともクロスするこのようなフィールドワークのなかで、今西進化論は、自然と人間、社会と共同体などの本源的なすがたを捉えようとした。

《……社会の発展ということは、次第に農村が都市へとかわってゆくことであり、農村というようなものは、いつかはなくなって、都市ばかりになると考えるのは、人間ももとはサルの仲間から進化したものだから、やがてサルはみな、人間になるときがくるであろうといった、進化論のはきちがえと、同じ誤りをおかしていることになるであろう。農村の成立が古いといっても、今日の都市と共存している農村は、農村としてはもっとも新しい、進化した農村でなければならない。サルだって、今日このせちがらい日本で、人間と共存し、人間の作物をかすめつつ生活してゆく能力をそなえているかぎり、そのサルは、むかしののんきな時代のサルとはちがって、サルとしての進化、サルとしての近代化を、ある程度までとげているもの、ということができる。

しかし、それは人間の作物を荒らしに出てくるほど、人間のちかくに棲んでいるサルのことであって、信濃や飛驒の山奥へゆけば、むかしながらの生活をおくっているサルも、いることであろう。日本の農村といっても、すべての農村が、同じ程度に進化し、近代化しているのではない。都市との相対的な位置関係によって、進化の段階を異にし、近代化の程度にちがいがあっても、怪しむにたらないのである。》(『村と人間』)

これはスペンサーの社会進化論にたいする、今西錦司流の「社会」の棲み分け的進化論といってもよい。

明治以来の日本は社会進化論をその近代化の最大のイデオロギーとしてきたが、今西はそうした近代化＝西洋化の発展の足元に、村落共同体と農耕社会への眼差しを通して一石を投じたのであった。今日、地方の再生ということがいわれているが、そもそも日本の「村」とはなにか、さらにそこに住み生きる「人」とはなにかという本質を問わない限り、都市と農村、メガロポリスと地方の格差の根本的解決は望むべくもないだろう。

本の序文で今西は、社会人類学者のJ・F・エムブリーが熊本県の須恵村の調査を行った『スエムラ』について触れている。『村と人間』は大和地方の平野村を対象としており、『スエムラ』と同じく日本の一つの農村を調査し、その全貌をつかもうとしたと記している。

《ちがいの一つは、エムブリーが長時日をかけて、一人でやったところを、こちらは大勢がかりで、比較的短時日に調査をかぎったことである。／近頃はあちこちで、ずいぶん農村調査が行われているようだが、特殊問題と取りくんでいる場合が多いためか、一村の全貌をつたえるという点で、『スエムラ』の向こうを張るようなものは、まだきわめてわずかしかない。成功しているかどうかは別問題として、この欠陥を満たそうとねらっているところに、本書の野心がある。》

敗戦後の日本の農村は、GHQによる農地改革などがあり、農業の形態は時代とともに大きな変化を遂げていくが、この本では農業の技術的部分や生産性の問題だけが語られているのではなく、その土地に生きる人間のいわばライフ・ヒストリーを介して村という共同体のヒストリーが描かれているのである。戦時中に大陸に渡り内蒙古の草原に住む牧畜生活者の社会を調査した今西は、日本の「農耕生活者」の社会を改めて取り上げることが肝要であると考えた。

戦後の日本は都市の廃墟（米軍の空襲によって日本の全市街地の四〇％以上が灰塵に帰した）からの復興が最大のテーマであり、経済復興は都市機能と産業地の新たな整備、発展と軌を一にしていた。
都市は農耕社会が進化したものであると捉えるならば、まずもって農村という基盤を分析する必要がある。平野村が選ばれたのは、奈良時代からの農村が、そこにいまなお続いており、それを基礎として成立した小都市が周囲に形成されていたからである。調査の対象として、行政の単位として村を選ぶのではなく、歴史的な蓄積や地理的な条件が本質的なものとして選ばれている。明治の近代化以降も平野村は、この「安定」しているという要件を備えているが故に、考察の対象となったのである。

《明治になってからのわが国では、都市といわず農村といわず、すべてが変化に変化を重ねてきた。安定などという言葉は、どこへいっても当てはまらない、ということもできるであろう。もちろん生態学でいうクライマックスにだって、くわしく見れば時間的な変化はあってよいのである。ただ変化はあっても、都市には都市の規格があり、農村には農村の規格があって、都市がやたらに農村になったり、農村がやたらに都市になったりしないで、その規格を守りつづけていたならば、その状態を指して安定している、といってもいいのでなかろうか。》

平野村は戦争で疎開者が入りこんでくるまでは、明治・大正・昭和を通じて村の戸数にほとんど変化がなく、安定を続けてきたのである。調査から浮かび上がってくるのは、村を構成する単位としての「部落」の在り方であり、その部落がどのように形成され、また独立性を維持させてきたかなどが明らかにされている。こうしたゆるやかな村の形成過程が具体的にされ、水の利用やその管理の方法なども指摘されている。近代化がこうした部落にどのような影響を与え、何が変化し、また変化しないものは何であるか。その実態が問われることで、近代化という価値観が「進化」なのかという根本的な問いを孕んでくるのである。

農業の経営や水利設備の近代化とともに、農村の人々の生活水準が詳しく調査されている。衣食住のデータが集められ、それぞれの変化が具体的な品物や水量によって取り扱われている。

さらにこの本では、村の置かれている環境を、人間の領域へと拡大する試みをなしている。そこにはエコロジカルな視点とソシオロジカル、つまり人間社会の構造をとらえようとする視座がはっきりと打ち出されてくる。

《しかしこんどは、そこに見いだされる人間関係 human relations そのものに、焦点をあわすことにしよう。人間関係だって、やはりいままでのべてきたような環境のうえに、成立しているのである。われわれはだから、環境を無視しようとするものではない。ただ人間関係に焦点をあわすときには、環境はいきおいわれわれの視野から遠ざかってゆく、というだけのことである。この観点、あるいは立場を、いままでの生態学的な立場に対して、社会学的な立場である、ということができる。》

環境と人間の関係、このような視点がきわめてアクチュアルであるのはいうまでもない。今西自然学が持つ今日性は、狭い意味の進化論の問題を遥かに超えて、自然科学・社会科学・人文科学と分化し、専門化していく現代の風潮に抗して、人間と世界と自然の全体を包括する学問としての総合性を持ち得ているのである。

昨今、文部科学省が大学における人文系の学問領域を縮小し、科学技術に応用できる専門分野の育成にシフトすべきであるといった指針を打ち出したようであるが、こうした傾向は現代世界の複雑かつ危機的な状況に対応できる知性と技術を養うことに、明らかに逆行している。近代科学のイデオロギーに呪縛されている、としかいいようがない。効率主義と合理性が短絡的に結びつけば、物事の本質を洞察することはできないという当たり前のことがなおざりにされているのであり、今西が人類が「いまだかつて経験したことのない危機」と預言する状況にとうてい対応することなどできないのである。

『村と人間』の後半では、部落のなかでも順位性があったり、それぞれの対立などが考察の途上に載せられているが、それはあたかも人間の棲み分け理論ともいうべき要素を持ちながら、いかにして生物が共棲し生き残っていくかといった今西進化論の人間社会への応用編でもある。『村と人間』の第五章（最終章）のタイトルは「人間」であり、そこでは村のなかにおける生活水準の違いとグループの対立が異なる次元にあることや、ロールシャッハテストという心理学の方法までもが用いられ、村人のパーソナリティが検出されている。『村と人間』は、このような農村の分析から人間学までを含む、さまざまな方法論の集積を垣間見ることができる。

もちろん、その後の農業をめぐる変化（高度経済成長など）を見れば、本書での近代化の見通しは不十分なものだったとの批判はあろう。しかし、このような具体的なフィールドワークと分析と、人間そのものを巨大な自然と環境のなかでの関連でとらえうる今西錦司の眼差しこそ、今日のわれわれが今一度学ばなければならないものではないだろうか。

『村と人間』は戦後の共産主義革命の可能性が語られていた時代（封建的な「農村地主」たる資本家と労働者たる「農民」の対決）に、そのフィールドワークが行なわれた。ある意味それは、イデオロギーにたいするドキュメントであった。この三十年の間に、共産主義というイデオロギーは時代の波にかき消されたが、別のかたちのイデオロギーは様々になお眼の前にある。科学イデオロギーであり、新自由主義という経済のイデオロギーである。今西錦司の「世界観」は、だからこそ今ここで問い直されるのである。

あとがき

二十世紀最大のプロテスタント神学者といわれたカール・バルトの弟子であり、ドイツの代表的な実践神学者ルードルフ・ボーレン教授は、一九九六年十二月八日、私の所属する日本キリスト教団鎌倉雪ノ下教会で「憧れ――ひとつの前奏曲」という講演をされた。その時の感動、というより驚きは今も鮮明に覚えている。

教授は新約聖書の使徒パウロの「ローマの信徒への手紙」から、人間のうちに眠っている「憧れ」――今ここにある時をこえて、別の存在になりたいという感情、他の場所、他の時間を求める思いについて語った。パウロは、その「憧れ」を宇宙的な感覚として持っていたのだという。

《信仰は、感覚に先行します。なぜかと言えば、私どもの感覚器官は、まだ、それがあるべきものになっていないし、やがてそうなるはずのものにもなっていないからです。そのために、石までが抱く憧れに正しく反応することができません》

《それにしたがえば、死んだ物質などはひとつもありません。植物や動物だけではなく、石や金属でさえも、憧れを抱くものであるのです。救いの出来事が明らかに示されることを、自分が別のものに

なったのだということが明らかになることを憧れつつ待っています》（加藤常昭訳）
近代科学の世界、今日の文明社会、ゲノム編集や人工知能の可能性から見れば、二千年以上前の使徒たちの時代など古代世界でしかない。過去の古い歴史である。しかし、被造物にたいする眼差しを、人間や動物や植物だけでなく、無生物や石ころにまで展開してみれば、はたしてどちらの歴史が先行しているのか。ボーレン教授は、使徒パウロのコスモロジーは、われわれの世界感覚よりも先行していると大胆に語ったのである。私の驚きは、その新しい「進化論」がもたらす視界の拡がりにほかならなかった。

それからかなりの時を経て、今西錦司の『生物の世界』にふれたとき、生物的自然を通してこの「世界」をとらえる――木や石とも対話する、その眼差しの圧倒的なスケールにやはり深い驚きを覚えた。《……この世界に生命のないものはない、ものの存するところにはかならず生命がある》と語る今西の言葉は、今日のわれわれに何と大きな慰めと励ましを与えてくれるだろう。

門外漢の自分に書く場所として自然民俗誌『季刊やまかわうみ』を提供していただいたのは、発刊元であるアーツアンドクラフツの小島雄社長であり、詩人で同誌編集主幹の正津勉氏である。登山の師匠でもある正津氏に「今西を書きたい」というと、ふたつ返事で承諾してもらったのは嬉しかった。一冊にまとめるにあたり、両氏にあらためて心より感謝したい。山登りのほうはすっかり怠けて久しいが、本書刊行を機に還暦を過ぎてもう一度、生涯山々を愛し登り続けた今西錦司には遠く及ぶべくもないが、高齢者登山にチャレンジしてみたいと思っている。

二〇一九年四月二十一日　復活祭の朝に

富岡　幸一郎

◉自然民俗誌『季刊やまかわうみ』Vol.0（二〇一一年三月）～Vol.11（二〇一五年九月）掲載原稿に大幅加筆修正。

◉今西錦司の引用文は主に『増補版 今西錦司全集　全13巻＋別巻1』（一九七四～一九九四年）講談社に拠った。

富岡幸一郎（とみおか・こういちろう）
1957年東京生まれ。文芸評論家。関東学院大学国際文化学部比較文化学科教授、鎌倉文学館館長。中央大学文学部仏文科卒業。第22回群像新人文学賞評論部門優秀作受賞。西部邁の個人誌『発言者』（1994〜2005）、後継誌『表現者』（2005〜2018）に参加、『表現者』では編集長を務める。
著書『戦後文学のアルケオロジー』（福武書店、1986年）、『内村鑑三 偉大なる罪人の生涯』（シリーズ民間日本学者15：リブロポート、1988年／中公文庫、2014年）、『批評の現在』（構想社、1991年）、『仮面の神学——三島由紀夫論』（構想社、1995年）、『使徒的人間——カール・バルト』（講談社、1999年／講談社文芸文庫、2012年）、『打ちのめされるようなすごい小説』（飛鳥新社、2003年）、『非戦論』（NTT出版、2004年）、『文芸評論集』（アーツアンドクラフツ、2005年）、『スピリチュアルの冒険』（講談社現代新書、2007年）、『千年残る日本語へ』（NTT出版、2012年）、『最後の思想　三島由紀夫と吉本隆明』（アーツアンドクラフツ、2012年）、『北の思想一神教と日本人』（書籍工房早山、2014年）、『川端康成　魔界の文学』（岩波書店〈岩波現代全書〉、2014年）、『虚妄の「戦後」』（論創社、2017年）。共編著・監修多数。

生命（せいめい）と直観（ちょっかん）
よみがえる今西錦司（いまにしきんじ）

2019年5月31日　第1版第1刷発行

著者◆富岡（とみおか）　幸一郎（こういちろう）
発行人◆小島　雄
発行所◆有限会社アーツアンドクラフツ
東京都千代田区神田神保町 2-7-17
〒101-0051
TEL. 03-6272-5207　FAX. 03-6272-5208
http://www.webarts.co.jp/
印刷　シナノ書籍印刷株式会社

落丁・乱丁本はお取り替えいたします。
ISBN978-4-908028-37-3　C0095